认真做喜欢的事，真的能赚钱

廖惠萍——著

中国民族文化出版社
北京

图书在版编目（CIP）数据

认真做喜欢的事，真的能赚钱 / 廖惠萍著
. —北京：中国民族文化出版社有限公司，2021.1
ISBN 978-7-5122-1343-2

Ⅰ. ①认… Ⅱ. ①廖… Ⅲ. ①成功心理－通俗读物
Ⅳ. ①B848.4-49

中国版本图书馆CIP数据核字（2020）第041957号

著作权合同登记号：图字01-2019-6714

认真做喜欢的事，真的能赚钱

作　　者：廖惠萍
责任编辑：陈　馨
责任校对：李文学
装帧设计：水长流文化发展有限公司
封面插画：雷书瑶
出 版 者：中国民族文化出版社　地　　址：北京市东城区和平里北街14号（100013）
邮编：100013　联系电话：010-84250639　64211754（传真）
印　　刷：三河市良远印务有限公司
开　　本：787mm×1092mm　1/32
印　　张：8.5
字　　数：200千字
版　　次：2021年1月第1版第1次印刷
书　　号：ISBN 978-7-5122-1343-2
定　　价：56.00元

推荐序

15年来的老师

薰衣草森林董事长——王村煌

认识廖惠萍整整15年的时间，也一路见证了惠萍精彩的人生之旅，从作家、旅行社总经理，到“东京不动产女王”及精品咖啡的经营者。做什么像什么的她，总是开风气之先，走在潮流的前端，并且能创新地交出漂亮又有质量的成绩单。

和惠萍开会、讨论事情，一直是让人开心又愉快的。她待人热情，却不失细腻，常有出人意表的浪漫想法，又有明快的行动力，永远精力充沛，而且精准温暖。在她眼中，仿佛世上从来没有困难的事情，明天永远充满机会且生机盎然。面对这样一位兼具理性与感性的奇女子，我常想：为什么惠萍每次创业都能成功？是先天的条件，还是后天的养成，造就了她对行业趋势的精准预测，以及异于常人的执行能力？

所有的疑惑在本书中有了答案，惠萍不私藏地分享了她成功的心得和方法：从兴趣力、学习力、任性力、增值力到触觉力5个方面娓娓道来，语言平实而又充满智慧，容易理解且值得学习。

2003年，薰衣草森林的营运慢慢上了轨道，基于对慢旅行及乡村的热爱，我们开始筹备第一家缓慢民宿。体验了中国台湾各地的民宿之后，我带着行囊，出发前往日本旅游胜地轻井泽、白桦湖、小渊泽和安云野等地，展开民宿的学习之旅。按照惠萍出版的第二本著作《东京近郊信州欧风民宿》中的内容，我一一拜访书中介绍的众多民宿，从中取经切磋，也为未来缓慢民宿的发展打下了重要基础。

第一次与惠萍见面时，我把这本陪我走过漫长旅程，写满各家民宿主人签名的书给她看。时至今日，我仍记得她当时开心的笑容。只是我一直没告诉她，那本书及那趟旅程对薰衣草森林的发展产生了多么大的影响。

原来在15年前，廖惠萍就已经是我们在旅行及休闲产业的老师了！

推荐序

任性也是生活态度

视觉设计师——米力

我眼中的惠萍（CAKE），她看到可爱的东西毫无招架能力，喜欢粉红色，喜欢发亮的东西，喜欢有才华的人；无论面对什么职业和身份的人，她都能先看到对方的优点和长处，很少说恶。

2008年至今，我们相识已12年，正好经历了她人生事业后半场的过程。在这之前，我们唯一的交集是她出版过一本《北海道欧风民宿》，而我带着这本书去旅行，住她推荐的民宿。在网络并不盛行的时代，她用心地写出这本好书，帮助了很多热爱旅行的人。

我先生当年是架构旅行网页的高手，因缘际会，CAKE找他做一个提案，我因此而认识了她。那时我写了很多关于日本生活杂货的书，非常想尝试着卖日式杂货。惠萍得知后竟然说："我要投资你！"

当时我们还不熟，她真心要投资，吓了我一跳！我是个对做生意完全陌生的人，她怎么会对我如此有信心？后来，我们相约在日本见面，住在大久保附近一家韩国人开的旅店里。当时她忙于旅游规划，却比我更有热情，协助我拜访杂货生产厂商。凭借她流利的日语和沟通技巧，很快就帮我采购了第一批日式商品。那几年的杂货生意非常热门，产品果然大受欢迎。我能开始这门生意，她也是推手之一。

如果没有比你更有热情和实践力的朋友，也许单靠一个人的梦想是不行的，总是需要有一些推动力。CAKE是我认识的朋友之中，最敢于做梦和勇于实践的人。

后来因为中国台湾的旅游市场经历了前所未有的低潮，她又做了一个决定——去日本学日语。她是个在时势动荡下，可以下定决心转换跑道的人。

本来只是想当学生，岂知她一脚又跨进了日本房地产的世界。

回想当年去东京旅行时，我和她一起挤在池袋的公寓里。白天她要上课，晚上直到半夜她还在研究房地产，让人不得不佩服她的毅力和专注力。

从搭电车看房产，买房产，再如樱花效应①般带来更多的客

---

① 樱花往往集中开放，越开越灿烂。消费者的购买行为经常会受他人的影响，一个摊位前只要有一人驻足，就会引来更多的人，出现热的愈热，冷的愈冷的情形。心理学家称之为“樱花效应”。

户……CAKE也开始盖起自己的民宿，成立物产管理企业，一步步将自己的事业向前推进。

但我眼中的CAKE一直不是商人，她总是喜欢用“体验者”的角度去做生意，思考怎样可以让消费者感到满足。若发现自己的不足之处，则勤于向他人请教。她的热情通常能让人乐于协助，1 + 1 + 1……就这样，吸引更多有才华的人加入，和她一起建构事业。

CAKE要开咖啡店之前，同样是一窍不通。但喝咖啡、找咖啡店本来就是她的兴趣。我从没见过这么努力的老板，总是不放过任何一个细小的问题。有些事情的关键就在于全心全力去做，唯有如此，才能把不懂的事变成自己的知识。

这一路走来，她都是很“任性”的。原本以“这样就好”为标准的人，必须接受她的“任性”挑战，贯彻更高的目标。说是任性有理，也不为过。（笑）

人生总是会遭遇困境，但如果能下定决心，相信自己，乐观面对，顺着河流航行，或许新大陆就在眼前！

以前听过一句话，觉得很有道理：“怀着紧张感，生活会更有效率。”不安逸的态度，正好能促使我们去做一些别人无法想象的事。

女性或许比男性有更多的负累，但没有人可以限制你的心性。

勇敢去过每一天，并享受其中，生活和事业也是可以平行而协调的。过自己建构的人生，真正的成功是成就自己的梦想——这个“成功”的定义，只有你自己才能诠释。

这样的成功，将不只限于财富的增长，而是把兴趣变成事业，抱着无限的热情面对人生。

推荐序

总是让人快乐的『Mrs.台湾』

京都名店进进堂四代传人，Caffe Verdi创办人——
续木义也

“能不能在我们公司拥有的土地上经营咖啡店呢？”我跟惠萍的关系是从这样一通电话开始的。

经常有招不到店家的商业设施问我要不要开店，我担心又是类似的情况，便回绝了。没想到，第二次的通话内容变成：“这样的话，我们公司可以负责经营，还请您提供协助。”

以京都市内为中心，从北海道到九州，有许多咖啡店和餐厅都使用由我经营的Verdi烘焙的咖啡豆。通常店家前来咨询时，不是告诉我“想提升咖啡的品质，希望能跟您做生意”，就是说“刚刚开店，想使用Verdi的咖啡豆”。但这次的委托，简单来说却是“在对方拥有的不动产上开咖啡店；如果不行，他们就自己开，但希望我提供协助”。

这让我心里产生了很大的疑问：这位廖女士到底是怎么想的呢？她的目的是不动产的租金收入吗？她想开咖啡店，还是只是单纯地希望自己的不动产上有家咖啡店呢？这样的话，为什么会选择Verdi呢？

与惠萍相处之后，我慢慢地找到了这些问题的答案。她告诉我，她在旅行途中偶然走进了Verdi，当天享用的咖啡和红豆热压三明治让她非常感动，所以想提供自己的空间，让更多的人获得相同的感动——这种单纯的想法，就是一切的开端。对于咖啡店的经营者来说，客人的这种想法真的是一种无形的回报，当然也让我乐于提供协助。但我越了解惠萍，就越觉得没有人比她更有魅力了。

在东京DOMO CAFÉ开幕前，为了宣传，我也参加了中国台湾咖啡节的活动。当天来的人非常多，需要花很长的时间排队才能进入店里。没想到台风逼近，风雨在下午渐渐转强，很多人撑着伞，排在长长的队伍中。惠萍看到这种情况，竟然拿出用于销售的滤挂式咖啡，一个个送给所有排队的人。因为她看到这些人在恶劣的天气中排队好几小时，若不为他们做点什么，心里实在过意不去。

原本我对她的想法有些模糊，听说这件事之后，反而变得笃定。惠萍的工作经常是把“让别人快乐”摆在第一位，而且只要动了“想这么做”的念头，就会影响周围的人，充满了旺盛的精力与达成目标的行动力。如果惠萍做生意只是为了自己的利益，我想她周围聚集的应该也是一些自私自利的人；然而被她的“想让别人快乐”的想法吸引而来的人，怎么看都是各种充满魅力的人。

随着技术的进步，如今的环境让我们很容易忘记了要多替别人着想。但看到惠萍这样以敏锐的感性和“想让别人快乐”的想法作为原动力，同时运用最新的技术去完成各种事务，就好像见到古老的建筑物或成排的老店之中，掺杂着近代的大楼与尖端流行的台湾街景——她就是这样的一个人。从这层意义来看，她对我而言就是“Mrs.台湾”。可以与她一起创造让别人快乐的事业，让我觉得很幸福。

推荐序

兴趣，就是成功的理由

Fika Fika Cafe创办人，
2013年北欧杯咖啡烘焙赛冠军——
James陈志煌

看到这句话“认真做喜欢的事，真的能赚钱”，我点头如捣蒜。

最好的例子就是“东京不动产女王”惠萍姐的人生故事。阅读本书，一如亲见惠萍姐本人，书中的一字一句是那么真诚、直接、不拐弯、不私藏，直击核心要害，完全是惠萍姐的个人写照。

惠萍姐是个做事100%成功的人，曾听她说起当年经营房地产后，打开保险箱时，被爆满倾泻而出的大叠钞票吓到的往事。她从经营旅行社到进军东京房地产业，丰硕的成功经验大家有目共睹。与惠萍姐相识且共事不久，我很快就明了她成功的原因。惠萍姐为人强势，但非常真诚；做事大刀阔斧有魄力，而又极为细腻，观察敏锐。她不走别人走过的路，只开创自己的路。更重要的是，她说“我曾经设定过一个人生目标，做自己有兴趣的事，再让这件事成为自己的志向与事业，此为人生最大之幸福”。是的，她的确是这样一步步走来，做的完全是自己有兴趣的事！

从经营最炙手可热的旅行社，到变身为“东京不动产女王”；后来惠萍姐想开咖啡厅，我很荣幸地与尊敬的续木老师一起成为她的合作伙伴。DOMO CAFÉ在开幕3个月内便成为东京的打卡排队名店，她究竟是怎么办到的？答案全在这本书里。

“认真做喜欢的事，真的能赚钱”，我也是认真地做自己喜欢的咖啡事业，而取得了一些成果。惠萍姐将她一路走来的点点滴滴、心路历程，甚至独家经营事业的秘诀宝典一次全盘托出。我可以作证，书中的每个字都一如我所看见的她，没有夸饰、没有隐藏，甚至没有任何保留；她如何运用兴趣力、学习力、任性力、增值力与触觉力，让喜欢的事成为自己的志向与事业，方法都在本书中。翻开本书，你已经被带领至成功的大门口。

真心祝福本书的每一位读者，都能认真地做喜欢的事，再让这件事很幸福地成为自己的志向与事业，共勉之。

推荐序

一起闪耀

国际知名插画家——Cherng马来貘

同樣認真在做喜歡的事

一起閃耀！

2018

自序

50+主妇咖的外挂人生

——廖惠萍

2016年，随着先生退休，我决定让人生再次转弯，希望能重拾我在家庭中该扮演的角色，重回主妇岗位，看看能否因为这个转弯，让人生画成一个圆。

因此，我准备把日本公司的业务交由第二代执行，自己则退居幕后，担任会长一职。为了鼓励，同时也是奖励第二代，除了希望他们能努力延续公司的核心价值，正常运作之外，我更抛出鼓励公司内部创业的构想，期许能以自己白手起家的例子，激励大家不再做单纯的打工仔。

我提出的方式如下：

- 创业资本由我负责（贷款给他们）；
- 无须支付利息；
- 赔钱算我的，赚钱算他们的；
- 本金按税理士[①]的建议摊提归还；

---

① 在日本，税理士是指专门代理或帮助纳税人依法履行纳税义务的税务专家，可以从事纳税申报、起草税务文书、税务商谈、税务咨询、税务会计业务及充当税务律师等代理业务。

• 利润的净利替我保留20%，其余80%归年轻人。

我欢迎所有员工一起提案讨论，共创大业。

我单纯地以为，年轻人创业最短缺的就是资金，只要解决了这个问题，而且不用怕赔钱，就等于无后顾之忧，其余一切将水到渠成。

但是两年后，这个计划终告失败。原因是太理智的员工碰上太任性的老板，完全是两条平行线，毫无交集。

在最后一封将该计划打上封条的电子邮件里，主要干部以很多数字佐证，认为所有我提出的商机都是不可能赚钱的，他们不想花时间只是单纯地完成一个梦想，却赚不到钱。基于机会成本的考虑，他们想去做能更快赚到钱的生意。

谢谢他们在邮件中的贴心解释：我这个老板虽然不需要赚钱，但他们也不想我赔钱。我了解同事们一直把我当成“大孩子”，总是梦想大过一切，常常有一股天真傻劲，并且自得其乐；不太懂得敲计算机，不太懂得看市场报告；想做什么往往顾不上时间，半夜都想跳起来冲出门，马上执行。他们害怕让我赔钱，也害怕自己浪费时间，所以两年来，总是我这个老板不停地提案，却又不断地被同事们否决。

看完邮件的当下，我有股冲动，想再给他们回一封千言书，谈谈自己这些年走过的路：10多年前，我以素人之姿毛遂自荐，出版了一系列的旅游书；然后以一介家庭主妇的身份，擅闯堪称“红海[1]”的台湾旅游业，成立为客户量身定做行程的分享旅行社；直至单枪匹马独闯东京不动产市场；50岁之后又大胆地挑战咖啡强国日本，在东京开了一家文青[2]咖啡厅……无论当时的我有钱没钱，有鞋穿还是没鞋穿，我从来没把赚钱当成我要不要去做这些事的目标及考虑要素。

因为很喜欢，因为很热血，因为没人做，因为相信由自己来做一定会比别人做得更好……就是这样的信念，就是这样的自我期许，令每份工作都让我赚到了比自己预期中更多的金钱，赚到了一个财富自主的人生。

也是到了这一刻，我才彻底发现原来自己的确有一点点不

---

① 经济术语，指企业陷入竞争激烈的已知市场空间，并与对手争抢日益缩减的利润额。

② 文艺青年的简称。

一样：原来这个世界上往往说的人太多，做的人太少；原来这个世界上总是放弃的人太多，坚持到底的人太少；原来这个世界上相信自己的人并不太多，愿意真诚地相信他人的人也太少了！

所以，我不想再写给少数几个年轻人看了。我希望把这样的经历和信念，分享给更多满怀热血，却不断怀疑自己能否做到的人。

如果起步时毫无背景、平凡如我都可以做到，你们也一定可以！

如果因为这本书能成就一个梦想，能激发一个“Just do it（只管去做吧）”的行动，那我就会非常开心，真的！

目录

CHAPTER 01
兴趣力

做有兴趣的事，你将会闪耀到自己无法想象的境界

1 创业，就要创个不一样的 002

- 一切从兴趣开始 003
- 内容，才是成功的关键 009
- 新创举：收取旅行咨询服务费 011

2 举一反三，从旅行团到看屋团 016

- 成功经验再复制——量身定做，成交率100% 020
- 帮客人赚钱vs帮客人花钱 024
- 真诚的力量——只推荐自己也喜欢的房子 027

3 接下来，我想开的是咖啡厅 030

- 谁会为了喝牛奶去养头牛 032

- 当咖啡厅的房东，不如自己经营一家咖啡厅 037
- 看似任性的执着——想要的，就要尽力做到 041
- 两地两位大师联手打造DOMO CAFÉ 044

4 **走过的路，每一步都算数** 052

- 找对时间问问题，学到更多 053
- 有些兴趣，要让专业来协助 055

CHAPTER 02

学习力

每次的据理力争，都是学习

1 **永远都要据理力争** 064

- 最特别的体验活动没了，怎么可以 065
- 合作，绝对不等于百依百顺 067
- 一次负责到底的报价 070

2 **不要轻易放过每个“为什么”** 073

- 发薪日的秘密 074
- 从“东京不动产女王”到“东京税务女王” 076
- 要“真懂”，而不是只有“懂” 083

3　**沟通要成功，来自更全面的学习与思考** 087

- 理解了，才能有效沟通 088
- 3个项目合并执行的沟通分工能力 090
- 龟兔赛跑，努力一定不会错 093

CHAPTER 03

任性力

把任性化为行动，就能改变现状

1　**不要漠视内心的呼唤** 098

- 我的优势就是年纪大 101
- 知道对方要什么——成功迈向专业作家之路 102

2　**没钱一样很任性，任性就是我的行动力** 106

- 被债务压垮的家 107
- 初生牛犊不畏虎，累积越多越有价值 109
- 把任性用在自己喜欢的事情上，全力以赴 113
- 任性就对了，让知名建筑师藤本壮介也点头答应的傻劲 115
- 从民宿到旅馆，任性闯出一片天 119

3 也不能只有任性，生命给我的礼物是韧性 124

- 生命中雕琢我的3个人 125
- 犯错了，赶快找机会补救 136
- 遇到挫折，先平衡自己 141

CHAPTER 04
增值力

帮自己加分，从找到突破点开始

1 令人难忘的服务，来自找到突破点 146

- 奥入濑溪畔的水果 147
- 专属与特制是决胜的关键 149
- 设身处地，养成“如果是我……”的思考习惯 153

2 找到连接，大大增值——DOMO CAFÉ的获利秘诀 156

- 求好心切，预算破表——想增值之前，要先做出价值 157
- 顺应数码潮流，为客人着想就是为自己增值 159
- 不忘初衷，创造新体验带来更多连接 160
- 从两年才能打平到9个月黄金交叉，DOMO CAFÉ加速增值的秘诀 163

3 随时发挥增值力，创意无限 169

- 有钱人为什么越来越有钱 170
- 你做的任何事，都有延伸的价值 172
- 蹲下来，可以跳得更高 174
- 青年们，要有大志啊 178

4 助人增值，自己也增值 182

- 互相帮忙，增值力量大 183
- 投资会增值的人 186
- 拥抱新概念，让未来增值 188
- 不拿不义之财，是做事的基础 191

CHAPTER 05
触觉力
每次转型都成功的敏锐度，这样培养

1 随时随地伸出触角 196

- 首先，你要喜欢赚钱 197
- 40美元就能起步的商机 199

2　善用触觉力，寻找优质的合作对象　202

- 没看到房产，也能花6亿的W董　203
- 三年磨一剑的F董　204
- 你的大方要放对地方　207

3　因为很重要，所以说3次：文化、文化、文化　212

- 换名片的手势及日式英文都要学起来　213
- 不懂窗口伦理？那就没有下次　213
- 日本人特有的“溯源”文化　215
- 想做当地生意，就要用当地思维　218
- 日式思维——永远多想一点，多做一点　220

4　突破！打开大公司的门　223

- 不懂，反而是个切入口　224
- 信用是唯一的捷径　228
- 学会被拒绝，是与日本人做生意的必修课程　230

5　真正的职人　233

- 初心的考验　234
- 没有目的的营销　235

CHAPTER 01

兴趣力

做有兴趣的事，你将会闪耀到自己无法想象的境界

只要在网络上搜寻“东京不动产女王”，就会出现“廖惠萍”3个字。每次聊到东京房地产，不熟悉我的人总以为我一定在日本生活了很久，不然就是有什么特殊的渠道。其实，并没有。所有的一切，都是从我的兴趣——写作开始。

1 创业，就要创个不一样的

“既然自己要出来创业，当然要做点不一样的。如果我做的还是和一般旅行社差不多，这个市场就不需要我了。”这样一想，我就不知死活地，一脚踏进了台湾旅游业。

一切从兴趣开始

我从出版赴日旅游书开始，到开旅行社，进而成立不动产公司（专售日本投资性房地产），最后开起了民宿、咖啡厅、旅馆……所有的事情看似水到渠成，但若没有兴趣，就支撑不下去。

2002年，我出版了自己的第一本旅游书《北海道欧风民宿》。没想到，问世不到3个月，我的第二本书《东京近郊信州欧风民宿》就紧接着上市了。

就这样一路出书，回头看时，我竟然已经是出版了13本旅游书的作家，作品风格一致，全是以介绍民宿和特色温泉旅馆为主，俨然形成了一个小书系。我甚至有了自己的小小团队，从策划、摄影、日语翻译策划到助编，一应俱全。

当我的第三本书出版时，自助旅游的风气在中国台湾盛行开来，多数人最想去的国家以日本为首选。许多读者买书之后，很想和我一样选择当地民宿，接受主人的日式款待及家常美食，完成一次不一样的日本旅行。因此，出版社也接到了很多读者的电话或电邮。

“廖惠萍在书中介绍的民宿好棒啊，有联络方式吗？”

“我找到了民宿的联络方式，但是根本不让游客订房！”

“民宿的主人都讲日语，语言不通怎么办？”

“到底要怎样才能住进这家民宿呢？”

这些读者多半曾经去过日本，已经玩过了迪士尼、箱根和富士山等景点，希望有不一样的体验，偏偏……

当时赴日自助旅行的风气刚开始，经过媒体的推波助澜，很多旅客向往能在日本民宿住一晚。但由于日本人的民族性十分保守、封闭，让其他国家或地区的人登堂入室，民宿主人多半持警惕、谨慎且恐惧的心理；而心态比较开放者，则可能因为语言不通，不知道如何告诉客户到达的路线，连晚上6点准时吃晚餐都无法沟通……种种难处，让读者有了“看得到却住不到”的遗憾。

“惠萍，既然这么多人打电话到出版社询问，你又对民宿这么熟悉，不如你来帮读者策划行程吧，应该会有市场。”出版社的老板娘说。

这个建议深得我心！

从婚前到现在，旅行可以说是我毕生最大的兴趣。热爱旅行的因子，在我的血液里从来不曾停止跳跃。

我曾经设定过一个人生目标：做自己有兴趣的事，再让这件事成为自己的志向与事业，此为人生最大之幸福。

我热爱旅行，如果既能把我关于旅行的经验与知识提供给读者，又能有收入，岂不是与我设定的目标十分契合吗？

想一想，我的翻译及助理每次都随同我出门采访，与书中介绍的民宿主人已经建立起一定的交情；而书中所有的路线也是我一步一个脚印走过的，规划及联系的工作应该可以上手。

很快，这个小小的旅游工作室就成形了，也有模有样地开始接待客人，安排行程收费了。

旅游工作室营运几个月后，一个警讯[1]出现了：原来，这种模式在台湾是不允许的！

在台湾，从事任何与旅游相关的业务，无论是策划行程还是安排出台机票或住宿等，为了安全起见，都要有旅行社的营业执照。

也是，既然要走得久，办营业执照是唯一的出路。但开旅行社，从来都不是我这个小家庭主妇的设定，尤其以我的家庭背

① 警讯是指危险紧急情况的消息。

景，完全没有商业经验的传承，“开公司”好像是距离自己很远的方向。我真的有能力开公司吗？

我迷惘了。这个风险如果扩及他人，甚至影响到家人时，就不容我一意孤行。

我与先生聊起开旅行社的想法，很担心会不会因为自己的兴趣开起了公司，最终导致家业不保（毕竟对于当时是家庭主妇的我来说，开公司是件很遥远的事）。

此时，一向务实、注重数据的先生反问我：“开一间这样的公司最多会赔多少钱？”

“听说做生意最难的就是前两年，前两年做稳了，大概就稳定了。以我现在的开销经营两年，如果一个项目都没有接到，大概200万元（新台币，约合人民币47.28万元）吧。”

“那你就将200万元设为停损点，赔完了就结束生意。”先生说。

很好，设置了停损点。想一想，200万元我还承受得了，那就做吧！

我是旅行“重度上瘾者”，加上出版过旅游书，也研究过不少旅行社的资料，对坊间的旅行社服务模式十分清楚。

当时台湾的旅游形态分成两种:一种是跟团，就是大家经常打趣的“上车睡觉，下车尿尿”；另一种是苦哈哈的背包族，要自己上“背包客栈”（旅游网站及自助游社群）找资料。

但是，游客是否真的只分这两种吗？至少我就不是。

我既不甘于跟团，但也不是苦哈哈的背包族。如果有人愿意帮我做功课，并且根据我的想法和喜好，为我推荐适合的住宿和餐食，我是愿意付费的。像我这样的人应该不少吧？每次我做的旅游行程被朋友们传阅，大家不是都说好喜欢，想和我一起去旅行吗?

“既然自己要出来创业，当然要做点不一样的。如果我做的还是和一般旅行社差不多，这个市场就不需要我了。”这样一想，我就不知死活地，一脚踏进了台湾的旅游业。

说自己不知死活，真的一点都不为过。

和其他地方相比，中国台湾地区的旅游业真是奇妙而又独树一帜。

首先，旅行社与航空公司的关系很特别：淡季时，旅行社有票没人；旺季时，旅行社则是有人没票。平常如果没有奉献业绩，到了旺季，哪里轮得到配票给你？其次，客户与旅行社之间的关系也很微妙：客户出行前看价格，出行后看质量，却没想到质量与价格怎么可能脱得了钩？

某公司的票务就曾感叹道：世界上所有的生意都是商家团结一致去赚客人的钱，只有旅行社是尽量配合客户，砍杀自己的利润，然而客户咨询了半天，常常只因为100元的价差就跑了。

我，一个什么都不懂的素人，没有任何财团或资历背景，甚至完全没有旅行社的经验或人脉，在这个圈子里，真的就像误闯森林的小红帽。业界的规矩我不懂，每次拜访旅游业的老前辈时，听到一些术语就雾煞煞地[①]冷汗直流。

幸好，与生俱来的自信或傻劲，让我从未感到害怕，反而想：如果像过去这样制式且毫无变化的行程，客人都会买单，那我策划的行程这么棒，一定会大受欢迎，只是你们不知道罢了！

我总是沾沾自喜，并且迫不及待地与其他人分享。正如我的第一份事业、旅行社的名字——分享旅行社一样，分享旅行，旅

① 闽南语歇后语，全句为“鸭子听雷，雾煞煞”。意思是听不懂或不能理解对方所讲的内容或意思，整个人在对方的讲解过程中，处于晕乎乎的状态。

行分享，旅行就从分享开始！这真的是我的初衷，也是我的期许，从未改变。

顺带一提，很多人开公司为了讨个好彩头，公司的名称都要去算笔画。我从开设旅行社至今，包括日本集团在内大概有10来间公司，全都由我亲自命名，从来没有算过笔画。因为我认为，“努力”才是公司最好的加持。

内容，才是成功的关键

当时，虽然市场还是以团客为主，不过自助旅行及深度旅行已逐渐崭露头角，我也有幸得到一些大旅行社的青睐，愿意将我的行程放在他们的网页上，以增加多元性。这让我有机会踏进台湾龙头旅行社洽谈合作，也认识了一些前辈。这些前辈至今还与我保持着很好的关系。

通过与他们合作，我了解到，以自己这么小的资源能被对方接受，关键就在于我策划的内容，而这些内容正是我一点一滴、一步一个脚印，通过采访或实地经历形成的产物。

当时很多旅行社的行程多数仍停留在官方招待，是与餐饮业匹配之下衍生出的商品。而我策划的每个行程，更像是手作，根据每位客人的喜好、预算或我的专业建议，所设计出的独一无二的行程。这些在业界前辈眼中没有经济规模，也不值得参考的商业模式，我却乐在其中，乐此不疲。

当然，我也很幸运地遇到了一些圈子里的贵人。

记得第一次在出版社的引荐下拜访日航的经理时，别人带去的是公司的DM（direct mail，快讯商品广告），而我手上只有两本自己写的书。对方看了一些我的东京近郊行程规划后，说了一句："东京就对了，东京是百年不败！"

一个日系龙头航空公司的老主管都对东京这么有信心，应该错不了吧！

也有赏识我的前辈给了我一些箴言。龙头旅行社的营销经理曾私下告诉我，很幸运我的主力市场放在日本。根据他们的统计，前往日本旅行的客人是最会上网，并愿意阅读信息的客层，加上当时网络营销又是所有营销费用中最低廉的，所以让我一定要好好把握，利用这个特质去开展公司的营销。

当时互联网刚刚兴起，我的第一项营销投资就是做自己公司的网站。

我手上有自己书中的图片与文字，从内容来说胜人一筹；再根据我书中采访过的几则民宿小故事，自己写脚本，然后找素人学生特制flash（动画短片）片头，看起来很吸引人。

我没有钱做大广告，当时关键词[①]刚引进台湾，我报名参加了几场说明会，决定投资关键词。当时的关键词令我印象深刻，一个点击（click）售价3元（新台币，约合人民币0.71元）。这项小投资却替我带来了大收益，稳定了我创业之初最缺的客源。

新创举：收取旅行咨询服务费

从创业到实际经营旅行社的过程中，最让我骄傲的是虽然分享旅行社不是台湾地区最大的旅行社，但可能是岛内第一间以规

① 关键词是图书馆学领域的词汇，源于英文“keywords”，特指单个媒体在制作使用索引时，所用到的词汇。关键词搜索是网络搜索索引的主要方法之一，是访问者希望了解的产品、服务和公司等的具体名称用语。

划／咨询服务等“软件”来收费的旅行社，而且是按旅行天数和人数来收费的。

“设计两个人的行程与设计10个人的行程有差别吗？为什么去两个人要乘以2，去10个人就要乘以10？”

其实是有差别的，人数越多，需要的服务就更多，而且因为年纪的差别，饮食和行程路线的规划也会有不同的考虑。

规划是有价的，这个价值就在于长期的经验累积。

同时，一个人的旅行，我们也不会拒绝。从上飞机到降落的机场，前往目的地要坐N’EX（成田特快），还是利木津巴士（机场大巴）？直接前往东京，还是先去轻井泽？

帮动漫迷找各种动漫资源，为他们规划好住宿和交通行程；遇到钢琴迷，行程里要不停地有钢琴可以弹……

好的，通通没问题！

我们做过丧女之后的北海道遗忘之旅；做过先生因外遇离婚后，要把前妻追回来的温泉行程；也做过太太送给钓鱼迷先生的结婚周年之旅（二人随民宿主人出海捕鱼，再将捕获的食材大快朵颐一番）。

无论是一个人、两个人、一群人的旅行，还是一团人的特殊考察，如小区营造、美术馆深度探访或建筑见学[①]……在各种行程设计的实战中，要面对的挑战真的非常多。

从在航空公司手上抢机票，到与固执的日本房东谈住宿；从季节性的小火车，到一票难求的卧铺火车票；从一景难求的咖啡厅，到替客人在个性面包店安排一顿下午茶……这些都化成一段段文字，呈现在客人专属的旅游策划书里。

“惠萍，好怀念当年的旅行啊！”直到现在，还有很多客人约我喝咖啡，希望我能重出江湖。

“自从你停止旅游策划服务后，我也找过其他旅行社，都无法像分享旅行社那样贴心又有特色。”

别说客户念念不忘了，直到现在，我也一样非常怀念开旅行社的日子。那时常常半夜整间办公室只剩下我一个人，仍然埋首于计算机和一大堆旅游书中，只为了一段赏枫列车的动线，搭了去程，就不想让客人回程再坐同样的车；有时则为了中午吃了烧烤，晚上就要来点清淡的餐食选择……费尽心力，只为了让每天

---

① 见学是指根据教学或集训目的，组织受教育者对实际事物进行观察、研究，以巩固和验证所学的知识或获取新知识的方法。

都有不一样的行程。

在龙头旅行社工作的大姐也一再呼唤我重返战场。她告诉我，现在市场上最需要的就是我这类深入又极为个性化的特殊旅行策划。

以前很多人告诉我，分享旅行社只是小众，没有经济规模；如今却有人告诉我，分享旅行社走的路正是现在市场想要的。但是，我只知道旅行是无法失误的，打破了杯子可以赔一个，弄坏了行程却无法倒转时光再走一次。要呈现一次完美的旅行，策划人员真的要花好多好多时间，还要加上现场执行者的全力配合。而我自己分身乏术，再也无法像当年刚创业时，全心全力投入所有时间，只为了成就一段行程，当然也承担不了因为疏忽而带来的影响。因此，真的回不去了。

先生让我准备停损的200万元我并没有用上，甚至在最意气风发时，我曾非常困惑地反问先生："为什么有人开旅行社会赔钱呢？"客人不是应当越做越多吗？如果每年有10位新客人上门，今年10个留住5个，明年就有15个，后年就会有20个……旅行社是零库存的行业，所有成本风险可以控制到最低，为什么还会赔钱呢？

年少轻狂的我不了解杠杆的操作，也不理解复制的力量，更不懂什么是经济规模，所以难免夜郎自大。但直到现在，我一样非常喜欢且怀念那么有热情及勇于逐梦的自己。

这也是为什么，我总是告诉年轻人：有梦，就去实现！

2 举一反三，从旅行团到看屋团

虽然旅行社经营稳定，但血液里不安分的因子又开始跳动。就在这时，老天爷又给了我一份礼物——生命里最重要的贵人，就在转角等着我。

旅行社成立5年后，我发现了旅行社老板的宿命：留在岛内谈业务的时间，远远多于旅行的时间。

此时，旅行养分干涸的我，觉得再不旅行一定会惨！而且，对于以策划行程为主的旅行社来说，必须长期大量获取日本信息。此时的我已经开始感到自己日语能力不足，再加上血液里不安分的因子又开始跳动，于是我决定到日本的语言学校提高自己的日语水平。

就在这时，老天爷又给了我一份礼物——生命里最重要的贵人，就在转角等着我。

周先生是分享旅行社的客人，与其他客人不太一样的是耳顺之年（60岁）的他虽然常去日本，却极少四处跑，停留最多的城市是东京和京都。尤其是京都，他经常一待就是一个月。

一天，他来公司办事情，聊着聊着，突然话锋一转："惠萍，你对日本房地产有概念吗？"

我摇摇头。隔行如隔山，我虽然经常做关于日本旅行的功课，但对于房地产，别说日本了，就连一直生活的城市我都不清楚。

"那我告诉你，现在日本的房价是……租金是……所以投资回报率是……”他噼里啪啦讲了一串关于投资回报率的事，我真的如同鸭子听雷（指听不懂且表情茫然）一般。

“周先生，您去过东京这么多次，怎么一间都没下手呢？”我立刻发问。

原来是因为他不懂日语，不清楚当地的交易与税制。经常是他问了半天，陪同的翻译也解释不清楚，所以就拖着迟迟没有行动。

“惠萍，既然你要去日本念书，不如你来帮我做功课，我付钱，我们一起来研究日本不动产吧！”周先生说。

这是那天对话最大的亮点。既然有人肯赞助费用，又能学到东西，还能多了解新鲜事物，反正下课之后我也没事，何乐而不为呢?

成交!

这一击掌，打开了我人生的另一扇门。

■■■

每天早上，我准时进学校上课，下课后就穿梭于东京找房子、看房子，回到公寓再向周先生汇报我今天看房子的心得，以及分享日本中介奇奇怪怪的做法或原则。

我出身于一个外省[1]传统家庭，父亲是来台老兵，家无恒产，全家人没有一个人懂得理财，不要说不动产了，根本连动产都没有。我嫁入本省家庭后，先生和公婆对理财都非常保守，“钱”在家里更是一个“不流通”的话题。

认识周先生，像是开启了我人生的另一扇大门。从认识地段开始学起，他教我如何判断地域商圈街道，如何计算每坪租金的坪效[2]、多少人口能养一家书店、便利商店的提袋率[3]，甚至房子的坐向与格局……对我而言，这些都是全新的知识。

我提供给周先生的信息是当地的买卖习惯及租金行情，再由他来计算投资回报率。

每天晚上，我们通过Skype（网络电话）谈到三更半夜，最

---

① “外省人”特指1945～1949年迁台的大陆居民。早期定居中国台湾的客家人与福建移民自称“本省人”，与之区别。

② 坪效是计算商场经营效益的指标，即每坪面积可以产出多少营业额（1坪约合3.3平方米）。

③ 提袋率是指进卖场的总人数和实际购买人数的比例，反映卖场的客流量和实际有效客户，可用以来评估商业的整体效益。

后得出的结论只有一个字——买！

“这么好的投资回报率，没有不买的理由。”周先生说。

想到开旅行社时，交易额最多不过10来万新台币[①]，而在日本买间房子（虽然比台北房价便宜），最便宜的小套房也要两三百万新台币。但到了周先生眼里，只要商圈对、租金合理，他都说要买，这让我大开眼界。

成功经验再复制——量身定做，成交率100%

此时，我心中有个声音浮现。

如果周先生是这样的大户，当初怎么看了一年的房子都没买呢？如果他说的话属实，那就是帮他翻译的人没办法充分提供他想要的信息。

一个想法如闪电般瞬间出现：通常，旅行社客人的交易金额为新台币5万～10万元（合人民币1.18万～2.36万元），大家因为

---

① 1元人民币约合4.23元新台币。

觉得我的服务有价值，所以才愿意付费。那么投资金额更大、交易中有更多问题需要厘清的日本不动产买卖，一定更需要我的服务吧？我能否试着把自己的服务触角延伸到这一领域呢？

我身边有不少客人都对日本非常喜爱，何不针对我的客户群发送信息看看效果呢？对，就利用旅行社的组团概念，组个“看屋团”吧！

既然要组团看屋，就要做好看屋团的准备：海外购房的文件、过户的登记及流程，还有银行贷款的手续评鉴，一切都要清清楚楚。

2009年的中国台湾，赴日买房不像现在这么盛行，加上我必须交互比对两地在房地产信息上的差异，着实花了很多时间。

接下来，则是房产的搜集。

我选择了几个大家耳熟能详的区域，如东京的新宿和池袋。户型大多是小套房，一户不超过1000万日元（约合人民币66.1万元），作为首团来试试水温。

我找了几位老客人，加上周先生，浩浩荡荡地开始了我们的看屋首发团。

第一站来到新宿大久保，是距车站步行5分钟，屋龄37年的老公寓小区。一层排开大概30户，一户售价约850万日元（约合人民币56.19万元），每月租金可收取8万日元（约合人民币5288元），当时的台系银行还可以贷到6成。

直到现在，有个影像仍然深深地烙印在我的脑海中：我的老客人五婶站在房产的门口，决断地说："这一排只有这一间吗？如果还有要卖的，全给它买下来！"

五婶被日本的便宜房价吓到了，我则被她的豪气吓到了。原来大户不是只有周先生！

那一团共有七八个客人，竟然成交了十几间，每组客人至少打包一间，多则两三间。重点是并非这就结束了，他们完成第一次交易后，还是一直买、一直买……

但是，这第一团，也是我的最后一团。因为我发现，房地产买卖没办法以团体来操作。大家一起成交，有太多事情要同时运作，日方动作又慢，我一个人实在服务不了这么多客户。

我立刻改回分享旅行社的量身定做方式，先让客人在中国台北完成咨询及研究房产的步骤，待房产确定后，再安排客人至日本看房、出单。如此把流程分段之后，前段的了解与普及工作都在中国台北完成，通过说明会让客人清楚日本房市的现状，然后让有意愿的客人签署业务委托书，我们再配给客人一位顾问作为专属对接窗口，一对一服务。如此完美地复制了分享旅行社的量身策划流程。

而分享旅行社原先的同事们本来就喜欢日本，对日本的事物也非常熟悉，只需要针对他们不太熟悉的房地产知识施予培训即可。

当我将服务分段之后，马上就看到了绩效：客人在中国台北还没看见实体房产之前，我们在日本的人员已经先拍照并写好报告，分享这处房产的优缺点，帮助客人评估、决定。

附带一提，有一次某位日本的中型不动产公司社长，看了我为客人制作的房产分析报告之后，非常感动地对我说："这才是一个以客为尊，以客人的视角，提供专业报告的中介典范。在日本，我还没有看过这样的做法，却在你身上看到了。"

他的话虽然给了我很大的鼓励，但我并不会因此自满。因为对日本本土投资者而言，有些投资观念或思维已经根深蒂固，深植于心。譬如，对地点和商圈的了解，以及对行情和民情的认知，或许已无须当地中介赘述。但是对于海外投资客来说，在一片空白之下来到东京，自然需要更多一些说明、介绍，甚至比较。这是本地投资与海外投资的立足点不同。也是在这种机缘下，市场才给了我提供服务的机会；正是利用这样的商机，我的价值才能被客人重视及肯定。

在日本，如果房子里有房客居住，是无法进入室内看房的。但我们可以利用照片或影片分析小区及大楼的状况，省却了进屋看房的流程。

当时，除非客人不够积极，我们真的做到了只要客人愿意上飞机来东京，成交率就是100%；这还不包括未经看房，便在中国台北下单完成交易的客人。

帮客人赚钱vs帮客人花钱

初期只有我一个人在东京和台北两边跑，最后因为往返次数太频繁，我决定在饭店长期包下一个房间。我永远记得“1813”这个房间号，因为这一住，就住了一年。

最初到日本时，公司尚未建成，所以无法在银行开设账户。我怕账务弄乱了，便将每位客人的费用分别装入信封袋，袋上写好明细，再放进饭店房间附设的保险箱里。我想等公司的账户开好之后，一次性存入银行。

有一天，当我打开保险箱要放钱时，箱门一开，里面的钱竟然一包包滑了出来，双手接都接不住！

我兴奋地打电话给周先生大喊："我的保险箱满了！钱一直掉出来！"

那是我人生的第一桶金！这项事业简直是个聚宝盆，财富源源不绝！

上升的情势仍未停歇，我时常穿梭于台北与东京的机场，每天拿着手机在东京的大街小巷、电车地铁之间奔驰。

我的日本手机号码响了，客人问："你在哪里？"

"咦，你拨的不就是我的日本手机号码吗？我在吃饭呢。"

"吃饭？不会是有餐厅要出售吧？如果有，你要先给我看哦！"客人说。

有没有那么夸张啊？

真的有！

每天，我都被客人的电话追着跑，而我则是追着房产跑。哪里有好房产，下一秒我就在哪里！勘察，看地形，观察商圈。

卖便利商店，我就进去买饮料；卖咖啡厅，我就进去喝咖啡；卖美容院，我就进去洗头发；卖餐厅，我就进去吃顿饭……这就是“东京不动产女王”的人生。

在不断看屋、不断成交的过程中，我的心里也出现了一个疑问。无论做任何工作，我一贯是那么努力、拼命及热血。开旅行社时，一趟旅程的收费最多10来万新台币，一个人一年最多去两次。即使客人认同我的专业，肯定我的策划方案，但每个客人看完或谈完提案后，99%都会说：“好，那我回去和家人、朋友或同伴商量一下再决定。”很少有客人会当面立刻付订金。

相比之下，不动产买卖少则百万，多则上亿，但买完一间之后，客人却总是迫不及待地追着我要下一间。他们还不断地和我套交情，唯恐有好房产时，我却漏了给他。

到底为什么会有这样的差别呢?

原来，无论我的行程设计得多好、多精彩，仍然是在帮客人花钱；而介绍好的投资性房产，却是在帮客人赚钱，难怪客人要追着我跑啊!

也难怪，凭我一个素人单枪匹马入宝山，初试啼声就能创下百亿的交易额。

真诚的力量——只推荐自己也喜欢的房子

在踏入东京不动产这个领域之前，很多人无法想象，我曾经是个每天穷极无聊的家庭主妇。没人相信我曾经开过旅行社，也不知道我还是个出过13本旅游书的畅销作家呢！这些经历与头衔似乎没有办法联想在一起。我承认，在生活领域及视野上，我的确跨越了不同的领域，但要说这些工作之间存在多大的差异，对我而言倒是没有。

从事这几份工作，其实与我的本性是有关联的。我是很典型的巨蟹座，家庭观念根深蒂固。例如，我非常喜欢家居设计，如果问我投资什么领域是不会眨眼也不手软的，那一定是家居设计。除了旅游书，我购买最多的就是设计装潢类的书籍了。温馨而时尚的居家风格，既是我的个人追求，也是我品味人生、疗愈自己的最佳方式。

而且，我也非常喜欢参观室内设计。刚进入社会时，假日里最常做的事就是骑着摩托车到各个工地去看样品屋。所以当我为了写书而采访民宿时，我的选择也是首重主人的品位，挑选出有质感的住家，介绍给读者和旅人。

延伸到不动产的领域，我同样也会从自己的角度来评估房产。推荐每处房产之前，除了思考客人是投资还是自住用途，以及格外注重安全考量之外，我也会设身处地地问自己：如果是我，买，还是不买？如果这处房产连自己都想买，我当然更有信心推荐给客人。

所以很多客人和同事经常觉得，同样的房产，经过我的说明，客人总是特别容易买单。

这是当然的啊！

因为每处我自己去看过的房产，我最清楚它的优点和缺点，由我来说明当然很生动。更重要的是“自己也会喜欢”的真诚力量，才是打动人心的关键因素。

每一次，我都是做自己喜欢且有兴趣的事，并且以客人的角度来思考。最重要的是真诚，不夸大，也不虚浮。我一直认为，只要坚持本分，肯努力并且有执行力，再加上只推荐好的商品，客人自然会感受及认同。

我开旅行社时很幸运，很多客人愿意认同我，由我亲自带的团，回流率几乎是100%。我不会讲笑话，也很少大谈历史典故，我只是分享生活中的小细节或小故事，反而更容易获得客人的共鸣。

而经营东京不动产，更让我觉得自己实在太幸运了。关于不动产的知识，我根本是从零开始，如何看房子或店面，很多知识是客人教我的。他们给我的，远比我能提供给他们的更多。客户需要的是我对日本的熟悉度，以及对当地行情的分析，还有交易的安全保障。只要我能做到这些，客人对我几乎是100%的信任。我有很多大客户，经常是看完我的SNS（社交网络）信息推荐，就决定买单了。

3 接下来，我想开的是咖啡厅

谁会为了喝牛奶去养头牛？我想那个人就是我吧。我在京都偶然喝到了心仪的咖啡，由此开启了我的咖啡厅人生。

日本有很多很多的咖啡厅。所以，当我提出想在东京大久保附近开咖啡厅的构想时，可想而知，股东们自然非常不看好。

当初开业顾问来视察环境后，写了满满两大页的分析报告，委婉又善意地诉说了他的忧虑：40岁以上的日本人不会来大久保吧？经营地点还在巷子里，不是路面店！而且好咖啡对大久保的年轻客层而言，也不容易得到欣赏。

看了这份报告，我在股东会上只好心虚地向大家汇报：请做好DOMO CAFÉ要“烧钱”两年的准备吧！

然而在近期的股东会上，辅导的创业投资人员却说：“啊，报表已显示黄金交叉[1]了！”

时隔DOMO CAFÉ开幕仅11个月！

■■■

在日常生活里，除了旅行，我的第二大嗜好就是泡咖啡馆。

我喜欢的咖啡馆和一般人常去的咖啡馆有点不同。我偏好带

① 黄金交叉是股市术语，可作为买入的时机信号。此处指咖啡厅已达到收支平衡，而且运营良好。

有日本昭和气息，老派经营的吃茶店。或许是经营不动产的背景使然，每到一个地方，我喜欢去找当地老旧的吃茶店。在那里，你可以看到当地最直白质朴的生活氛围，从人们的日常生活脉动中，一窥当地小区或商圈的特质。这对经营不动产的我而言，就是在“练功”。

当然，吃茶店里的“Master”或“妈妈桑”（老板或老板娘），也是令我留恋的原因之一。干练的妈妈桑不用点单，就能倒背出你凌乱的点菜内容。有时店内不过几张座位，Master仍然用灵魂，一期一会地以虹吸壶冲调咖啡；也可能是在小到无法转身的小吧台里，Master一人独秀，完成从煮咖啡、烤面包到煎蛋或炒饭的所有操作。一切都是高超无比的技术，经过数十年岁月的打磨，更已内化成艺术，成为每家店的特色。因此，像这种日常且质朴的老咖啡厅，却经常是我旅行的重要目的之一。

谁会为了喝牛奶去养头牛

京都是我极为迷恋的城市，“在那里什么都不做”就是我出发前往的最大理由。

真的什么都不做，完全没有行程规划、没有目的。从踏进这座城市开始，我就休息了；只要呼吸着京都的空气，我就自由了。说起来很玄，但事实就是如此。

抛开工作旅行时，我一向不喜欢有太多理由或给行程太多批注，因为那是观光客做的事。在京都，我最大的骄傲是“我是来生活的”！

起得早，便以吃早餐为名散散步，走进一家咖啡厅，这可能就是我一整天的行程。

发现京都的caffe Verdi，也是从这样的漫步开始的。

第一次走进caffe Verdi，是在Tabelog[①]里看到它的评分超高。一推开Verdi的门，便立刻感觉这与我常去的吃茶馆不一样啊！

店面染着湖水绿的门扉与植栽，宛如英国乡村的小茶馆模样。环视店里的客人，虽然大多是日本人，但又与一般泡咖啡馆的当地人有着非常不同的氛围。大家似乎都有种慎重或期待的

① 日本的美食评论网站及美食APP。

心情，在衣着上也正式很多。翻开价目表，发觉比当地消费高了一些。或许是众人期待的情绪影响了我，让我也莫名地期待起来。

必须说，我不是咖啡通，也不是职人[①]，更称不上是咖啡爱好研究者。对我而言，咖啡的味道没那么重要，气氛和幸福感才是我泡咖啡馆的主因。但当我轻啜一口Verdi的咖啡时，竟不受控制般脱口而出："怎么这么好喝啊！"

原谅我无法运用专业的词汇来形容，如花香果香、前味后味、日晒水洗等赋予一杯咖啡生命。当下我只是惊讶，怎么会有这么好喝的咖啡呢？

咖啡素人如我，能体会到一杯咖啡的味道是这么特殊与好喝，对我来说真是一项重大突破。感觉就像是被上帝敲了一记，开始懂得"原来这才是咖啡啊"！

就因为这种区别，我开始为了一杯咖啡的味道走进咖啡厅，而不是单单迷恋追求某种氛围。于是，去Verdi喝咖啡吃早餐，以

---

① 日语中对于拥有精湛技艺的手工艺者的称呼，以前主要是指传统手工业者，现在许多掌握着尖端技术的制造业者也被称为职人。

及搭配店内的特制红豆三明治享用下午茶，成为我的京都既定行程。

这样的频率让我开始期盼：如果在自己居住的城市里也有这样一家咖啡厅，该是多么幸福的事啊！

我的个性一向人来疯（说得好听点是“行动力”）。有了这个想法后，我立刻请同事写信询问Verdi的主人续木先生，是否愿意到台北或东京开店？

在这之前，我对续木先生完全没有任何概念，只是很单纯地想，如果我会喜欢这家店，中国台湾人也会喜欢吧！

信件发出了一阵子，一直没有回音。但不要紧，我是个不达目的不罢休的人，于是请同事再试试，打个电话吧。这次终于有回音了，原来当时续木先生正忙于京都造型艺术大学校内的分店开业（这是继总店开业10年后开设的第二家店）。但他也透露了，目前并没有去海外或在东京开设分店的想法。或许是客套话，他留下一个话尾：“如果你们想开店，并且采用Verdi的咖啡豆，我愿意传授专业的知识与技术。”

这样的回答，令当时的我十分失落。毕竟，很少有人会为了喝牛奶而去养头牛吧！

■■■

直到2016年，自家开发的新宿Patio百人町民宿公寓即将落成，DOMO民宿的发展大致也上了轨道。综合现场及客人们的反应，虽然是民宿，大家还是希望有一个交流的中心，无论是在内部管理，还是在对外营销上，都会让DOMO有一个更明显、更突出的意象。

于是我们想到，为即将落成的百人町地下室，对外募集以咖啡厅为主的商家。消息传出去之后，有个中国台湾的小型连锁咖啡品牌希望来这里开店。当时我很惊讶，怎么会有中国台湾咖啡品牌敢来日本挑战？毕竟一直以来，我们多半是来东京取经的，不是吗？

原来，经营者想借助在日本开店的光环，加持中国台湾本店的品牌，最终目标则是进军中国大陆市场。

直到这一刻，咖啡厅事业对我来说还是很遥远的。当时的我只是很单纯地想出租百人町地下室收房租，也单纯地想如果出租给咖啡厅，真是一石二鸟——除了收租之外，还能为楼上的房客提供服务，互蒙其利。

没想到，经营者打的算盘是希望DOMO能加盟他们的连锁体系，他们提供品牌与技术支持，再利润分成的做法。

我并不介意分成，但这意味着我们可能要自己投身咖啡厅的经营，人力和物力都要参与，这与当房东的单纯性质完全不同啊!

也因为如此，我开始思考：由DOMO来开咖啡厅会是一条怎样的路?

当咖啡厅的房东，不如自己经营一家咖啡厅

我开始改变了自己随兴的考察路线，这次不再是对咖啡厅泛泛地走马观花，我开始观摩关东（以东京为代表）和关西（以大阪为代表）地区，主要以海外观光客为主的人气民宿或青年旅馆。我发现大部分经营得不错，有知名度而实际住房率也颇高的guesthouse（小型家庭旅馆），通常会在一楼设置大型交谊场所。这些海外游客对住宿设施的要求不只是睡一觉，如果此处能带来更多对于观光地的了解或开展异地友谊交流，似乎更符合他们对旅行的期望。DOMO在这方面的确未能提供相关服务及满足住客的要求，我们大多把时间花在房间的舒适度及风格的营造上。

于是“我们自己开一家咖啡厅吧”，这个念头在我心里慢慢浮现。听起来像是18岁女孩的梦想，自己都过了50岁，还提出这样的想法，似乎充满违和感。首先在生意伙伴中间，就出现了认同与反对两种声音。认同者大多认为逐渐卸下不动产业务的担子后，我的时间好像一下子多了很多，如果能有件事让我分神，对我来说也是好的（也可能是怕我提出比开咖啡厅更惊世骇俗的点子吧）。反对者当然也有，因为本人对设计装潢的无预算做法过于“恶名昭彰”，因此只要是涉及装潢的投资，都会让合伙人捏一把冷汗。

就在这时，刚好因为无条件友情支持了密友米力策展的“大好青空”活动，DOMO一下子与台湾的文青界突然有了紧密的连接。

咖啡厅这件事放诸四海而皆准，问文艺青年好像准没错！我顺理成章地向文青界求援及探询，意外地获得了莫大的回响。这个简单的应援小组会议就在Fika Fika召开，那也是我第一次见到Fika Fika的老板James。当我起身告别时，他拍着我的肩膀说：“你放心，你的成功就是我的成功！”

当下我只觉得：我当然放心了，问题是James，你放心吗？你能放心把你的成功与我的成功绑在一起吗？

这是卖咖啡，不是卖房子啊！我可是连日晒还是水洗、花香还是果香都搞不清楚的咖啡素人啊！但是，他拍在我单薄肩膀上厚实的手，传递的是踏实的力量。

我不知道James从哪里来的信心，但我记得与他第一次结缘，是他看到我在脸书[①]上大赞Verdi的咖啡与红豆三明治，因此当他某次出游京都时，便私信问我地址，也曾登门造访，还肯定了我的感受。他告诉我，Verdi的确是他此次出游京都喝到的最好喝的咖啡。

Verdi！是啊，Verdi是我的心头好。“好希望自己居住的城市里，也有一家像Verdi这么好喝的咖啡厅。”这个念头又跳了出来。原来当时续木先生的拒绝，也是为我留了一条出路——我应该自己来做这件事！

二话不说，我马上请同事再次联络续木先生。

“我们要在东京开一家店，你愿意来指导我们吗？”

“是要使用我们的咖啡豆吗？”续木先生公式性地回复了这封邮件，并应要求附加了他的报价。

---

① 脸书（Facebook）是美国的一个社交网络服务网站。

“不是的，我们社长说除了咖啡豆，还要你们家的红豆三明治，以及Verdi所有的感觉！”

我不知道续木老师看到这封信时有没有昏倒，这种非日式的问法是否极度挑战了京都人的暧昧。但幸好他回信了：“请问是要开一家什么样的店呢？地点在哪里？”

“就在新宿，附上店内格局图，请参考。”

格局图，对卖房子的我来说根本是信手拈来啊！我当时以为自己提供的资料很完整，准备很充分，现在回想起来，当初续木老师三连发收到这些信的反应应该翻白眼吧！

但，不愧是京都人，他保持着一贯的耐心（也有可能是想对这群白目[①]之人速战速决）：“给我地址吧，我正好有事要去东京，可以顺便去看看现场吗？”

看房是吧，那更不是问题，我们卖房子带人看场地有什么问题。殊不知，这些自以为是的一连串没问题，根本是我的最大问题！

---

① 有些人说话不留心眼，经常说出事实而伤害朋友，由于这种人经常会遭人白眼，所以被称为白目。

看似任性的执着——想要的，就要尽力做到

看完现场，就在续木老师出发前往中国台北考察的前一晚，我收到了他传来的满满两大页、数十问。这些问题如醍醐灌顶般一句句针砭着我：“你这是开咖啡厅，不是买店面，快、狠、准在这儿可一点都不适用！”

这两大页、数十问共分成：地点分析、客层考虑、当地居民是否为客层、要给民宿客人留下什么印象、是否要建立新的社群、想做到的事、能做到的事、客人的需求、想提供的菜单或商品、为什么要做到这些的动机、想要卖给谁?

坦白说，这些问题对我来说，好像很熟悉，又似乎很模糊。长久以来，无论开旅行社，还是卖不动产，我都是很任性地想到什么就做什么。起初，我着手的都是当时市场上还没有成熟的东西，因此也没有前例可循。而我就这样开起了旅行社、卖起东京不动产，一路赚赚赚。这些看似唾手可得的成绩，更助长了我的任性，想到什么就做什么，边做边想，边想边改，还大言不惭地说“兵贵神速，创新制胜”。

回到现实，要从动不动八九位数的生意，变成讨论几百日元

一杯的咖啡，还要被这么多细致的问题挑战，这笔账怎么算我都算不平。坦白说，我真的连想都没想过。请问老师，开家咖啡厅真的要想这么多吗？

“真的要想这么多！”老师严肃地回答，嘴唇上方的小八字胡微微挑动。那个充满浪漫情调的咖啡师，怎么一下子变得这么商业化了？但细究起来，其实也不奇怪。续木老师出身于面包世家，还曾经在日本知名面包店山崎面包的连锁店业务部门任职4年。日本人开店可从不含糊，从找资金、找店面、市场定位到算成本都有一套流程。哪像我，自以为不过就是为楼上的房客提供方便，反正店面也是自己的，只要再加上特别好喝的咖啡，就可以开店了。

但是，在我貌似任性的外表之下，还有“认定了，就一直执着下去”的坚持。

是怎样的信念支持着我开一家咖啡厅呢？那就是我一定要开一家像Verdi一样的店，提供特别好喝的咖啡（特别好喝！特别好喝！特别好喝！这点很重要，可以说3次）。因此请Verdi的续木老师来传授咖啡秘诀的念头，从来不曾改变。我不懂什么精品、单品，也不懂浅焙、深焙，但我愿意虚心求教，在设计视觉上也愿意投资，不会的就找老师、找顾问，但“特别好喝”这件事就是我的初心，就是我的概念。没想到，想让客人走进咖啡厅，发现咖啡特别好喝之前，还有这么多的门槛啊！

我面对老师提出的两大页问题，无解也无语。看了几次问题之后，我发现老师反复提及一个重点——菜单！

菜单其实会替你说所有的话：这里卖的是什么样的咖啡、要卖给什么样的客人、会有什么样的设备，以及呈现什么样的室内氛围。

万丈高楼平地起，那我们就一样样来吧！就从菜单开始，既然我要复制Verdi咖啡，那Verdi卖什么我就卖什么。

等一等……

想起当初之所以想开咖啡厅，除了咖啡好喝之外，我也很想成为一个媒介，把中国台湾的好东西带到日本来。这样的想法，我始终放在心里。但如果在设计菜单之初，无法让Verdi的续木老师了解咖啡在中国台湾的发展现状，可以预见，若在经营过程中贸然加入台湾元素，可能会引起的反弹。因为我心里非常尊重且景仰老师的专业，所以我认为，我有责任让老师多了解中国台湾的咖啡文化和产品，再请老师斟酌加入菜单之中。

此外，我真心希望老师能帮我精选菜单，而不是任我一股脑地把自己喜欢的都塞进去，干扰了老师的构想及专业。让老师能够认同中国台湾的某些特色咖啡或产品，也等于是以日本专业职人的眼光再帮我过滤一次。

但光凭纸上沟通和交流是不够的，毕竟老师从未去过中国台湾。安排老师实际走一趟，是非常有必要的。因此我提出了邀请，希望续木老师能亲自来中国台湾，进行一次咖啡视察之旅。没想到，这段旅程为续木老师投下了咖啡人生的巨大涟漪，也为DOMO CAFÉ带来了命运大转折。

两地两位大师联手打造DOMO CAFÉ

这次咖啡之旅，由DOMO CAFÉ的顾问安排行程，主要拜访中国台湾这几年培养出的世界冠军及新锐，他们带来的崭新概念及水平，为咖啡风潮方兴未艾的中国台湾提供了很多精彩的养分。第一天安排的全是世界冠军的名店之旅，从南京东路步行到富锦街、民生东路。清晨搭飞机来台北的续木老师对每家店的每杯咖啡都一一试饮、记录、拍照，丝毫不马虎，也让大家见识了日本职人的专注与用心。

因为第一天便行程满满，因此送老师回饭店前，也不敢追问其感想，只觉整个行程气氛充满谨慎和凝重感。偷偷询问接待的同仁，老师听完各家履历介绍后，私下虽然都提出了一些小疑问，如咖啡豆的新鲜与否及配方的适切性，但好像没有特别强烈的感受。

另外，同仁也表示老师的直接及不善掩饰，完全不像京都人，有时不免让人在旁边捏一把冷汗。但幸好最终并没有很负面的评论，对台湾咖啡文化的蓬勃与创意也兴味盎然，只是对于咖啡仍未有十分惊艳的评价。

对于这种情况，我也有些心理准备了。在老师初抵台北的行前会议上，老师看到我们安排的都是世界冠军的名店时，便说到日本的咖啡如今也分为3派。

一派是大家熟知的四大天王（如银座琥珀、北千住巴哈等），这些咖啡职人只专注于烘豆等技术领域的研究，绝少走进世界比赛。他们自认为咖啡的精进无关比赛的荣耀或肯定，而是自身对咖啡钻研的实践或突破，这是集自信、自傲、封闭和专注于一身的日式咖啡之道。

另一派也如中国台湾现行的风气，不断派出新人前往世界各地征战，借助世界比赛来精进自己的技术并开阔视野。一如黑船进港，为本土咖啡文化引入创新的国际观。

还有一派则是将前两种加以糅合，成就日本专属的精致咖啡特质。既能走向世界竞逐，同时又保有日本无可取代的咖啡精髓，这正是老师最期待的未来日本咖啡的发展方向。

我不是咖啡职人，没有老师这样的使命感，但我衷心期盼在DOMO CAFÉ的菜单上，无论顾客是日本人还是中国人，都不会感受到彼此之间的隔阂或任何文化障碍。只要你走进DOMO CAFÉ，就可以喝到两地特别好喝的咖啡。

考察时，我们也安排老师到Fika Fika的内湖二店参观。当天我们只是一般客人，仅被允许进入烘豆房看看号称一次可烘32千克的大型烘豆机。老师的表情十分严肃。一向善于察言观色的我，立刻了解这时不是喝咖啡聊是非的时候，对Fika Fika的评价还是暂且搁置别谈。

其间还发生了一段小插曲，为了使老师了解DOMO CAFÉ未来工作人员的训练安排，所以请顾问试煮了一次咖啡，让老师对训练师的程度有所了解。于是我们请朋友出借咖啡厅的场地和机器来试煮，店家也提供了店内最好的单品让老师品尝。没想到老师喝下第一口后，不但没有喝完，甚至第二杯特地冲煮的顶级咖啡，他连杯子都没碰。

我和工作人员都有点尴尬，这似乎不太符合老师认真的个性。后来，老师说第一口就感觉豆子的新鲜度不对，因此便不用再喝了。有时，我也觉得老师实在太不像日本人了，竟然毫不掩饰！心里也替这次考察安排是否适当而自责。因为在老师来之前，已有专业人士提醒我：以日本人（而且是京都人）对于咖啡的自负，真的要担心来中国台北考察可能会带来的负面效应。但我仍一味地认为自己的出发点是正面的，而且老师也不像一般日本人那么封闭（不然也不会跟我们这样一群任性的人谈合作到今天吧），我自信这种碰撞是有价值的，还请大家不要太担心。现在好了，大家不要担心，该担心的轮到我自己了吧？

第三天，也是考察的最后一天，戏剧性的一刻就这么来临了。

因为前一天参观Fika Fika时，James有事无法亲临现场，所以在老师前往机场前，我们特意又去了伊通街（位于台北中山区）本店，James夫妻在店门口亲自接待。但一切远超我的预期，我本来只打算喝杯咖啡，看看人潮，让老师知道中国台湾也有这等名店。当天James简单介绍了今天准备的4种咖啡：house blend[①]、单品一支，再加上创意咖啡两种，请老师品尝。

从第一杯咖啡开始，我就发现老师又出现了凝重的表情。老师喝完之后，全场肃穆，坐在老师身边的我也紧张起来。只听老师开口讲评。

“第一杯house blend是一天喝多少杯都不会腻的咖啡，是谁来喝都会顺口的咖啡。”

他谈到第二杯肯尼亚单品时，则连“非洲草原的狩猎”“天上的白云棉花糖”等形容词都出现了。我们在日本已居住18年的同事也表示，这些缥缈无际的形容是她此生遇到过的最大的翻译门槛。

“一支在日本惯以深焙降低酸味的肯尼亚单品，James居然以北欧浅焙挑战其酸度，但入口的酸味却在流入舌间的瞬间转化为果香入喉，就像是一发触身球，触中之后随即触板得分，简直

---

① house blend（首选综合豆）是北美特别流行的黑咖啡，属于混合咖啡，配方因地而有所不同，但主要成分都有50%以上的哥伦比亚咖啡豆。

是神举。”

如果有人在旁边记录我的表情，一定是剧烈震荡的金融海啸曲线图吧！

我忍不住发问：“老师，你对James这样的神评论，到底是因为昨天看了他的烘豆机，还是今天来店里喝到他的咖啡，才有这番评论？”

老师缓缓道来：自己店内两台烘豆机分别是5千克与12千克，32千克这么大的机型，他是第一次看到。不过最重要的不是烘豆机有几千克，而是他看到James烘豆房的排烟设备。如此大型的烘豆机居然能把排烟做到一点味道污染都没有，他心里非常佩服，他认为这点连蓝瓶咖啡（Blue Bottle Coffee，美国咖啡品牌）都做不到。他数次前往清澄白河（日本东京文化区，有“东京的咖啡街”之称）考察时，总为蓝瓶咖啡的邻居感到担心——很难晒衣服时不沾染咖啡味吧？他说唯有深爱咖啡的人，才会这样珍惜咖啡的味道，不会去沾染别人。今天来到Fika Fika本店，亲自品尝了James烘焙的咖啡，完全印证他的想象。

也许是英雄惜英雄，也许是不服输（哈哈），续木老师继续说，如果在DOMO会有Fika Fika这么棒的咖啡，他愿意为DOMO

特别选豆烘制house blend。一直态度谦虚且保持微笑的James，此时突然发声：“那我也一样吧！”

当下，坐在两位咖啡大师中间的我，真的无法言语。因为我怕自己控制不住，一说话就要泪奔了！

这意味着什么？DOMO将是中国vs日本、台北vs京都、Fika Fika vs Verdi、James vs续木——我对这家店最初的想法，完全在这次会谈里落实了。

这一定会是一家咖啡特别好喝的咖啡厅，这一定会是一家日本客人、中国客人走进来都觉得旗鼓相当，也能互相欣赏的咖啡厅！我是中国台湾人，我在日本创业，能由两位大师联手为我监制完成这个概念及梦想，我只有4个字为报——全力以赴！

事后还有一段小插曲，续木老师结束了台北的考察，回到日本后发了长长的上下两篇视察报告，在电邮中他更语重心长地提议：喝过Fika Fika这么棒的咖啡之后，他认为如果中国台湾就有这么棒的咖啡，他不想因为任何生意因素掺杂其中，因为“Simple is the best（简单是最好的）”。他甚至希望DOMO店内只采用Fika Fika的咖啡豆就好，无须再使用Verdi的豆子。但其他方面的开店知识，他仍愿意无条件提供给DOMO。

看到这里，我彻底领会了真正的职人精神是什么，真正的精进与无私又是什么！当一个职人碰到他所景仰的对手，他不追求竞争，也不求胜负比较，而是思考什么才是对消费者最好的、最值得的味道。这，才是一个职人会做的事。

但老师大概不够了解我的“憨”与“执念”吧。在我心目中，Verdi就是最好喝的咖啡，当我第一次走进Verdi时，我就知道了；后来再走进好多好多家咖啡厅之后，我更加理解了这点。第一次喝到Verdi的咖啡时，上帝已在那一刻让我懂得了什么是好喝的咖啡，此后我会捍卫这样的“懂”，不容他人挑战或摧毁。这是我的职责，也是我开店的原点。

在东京也能喝到Verdi的特别好喝的咖啡，这样的信念我从来没有改变，也从未放弃。就像要把中国台湾美好的东西带进日本，让更多人认识中国台湾，这样的信念也不曾改变。

谢谢James，我不知道为什么第一次见面时，你就会告诉我，DOMO的成功就是你的成功，但我一定要让你在日本也获得成功！因为你的咖啡真的太神奇了，我在续木老师的眼神里发现了那道光，以后更要让闻香而来DOMO CAFÉ的人，也都能发现——就是那道光！

4 走过的路，每一步都算数

我很喜欢一句话：“人生没有白走的路，每一步都算数。”认真回想，我会经营旅行社并且乐此不疲，不仅出于对旅游的兴趣，也出于对旅游周边相关的兴趣。

找对时间问问题，学到更多

大约26年前，台湾中华航空的订位组是24小时运作，登机前72小时还要确认。所以，机票并非预订后就有保证，如果没实时确认，机位很可能会被取消。

经过几次与台湾中华航空订位组确定订票事宜后，我发现了一个小技巧：只要在深夜打电话，常常可以讲上一两小时。加上台湾中华航空的客服小组专业度和服务都非常好，我通常会请他们提供建议，告诉我怎么连接航程比较好，他们也非常乐意说明。那时的我还没有经营旅行社，但因为这些建议，让我在年轻时就对订票很有研究了。等我真正经营旅行社时，进步的速度自然比别人快很多。

我喜欢旅行，对这些操作也很有兴趣，自己排行程，自己去找票。我最厉害的就是操作里程数，所谓的“换里（程）达人”就是我。举例来说，亚洲万里通在亚洲线的商务舱约需5万千米，经济舱是3.5万千米。其实只要是在这个距离内，多飞几个地方，都可以只用5万千米来折抵。你可以用5万千米换一张台北飞东京的商务舱机票，也可以从台北飞札幌、飞香港、再飞回台北，一样都算5万千米。它允许你在中国台北至日本各地相同距离之内使用，其中还包含可停两个不同的地方。

年轻时的我，非常乐于这种把里程操作到极致的兑换，还因此受邀在电视节目中分享。记得当时主持人很惊讶地问我是如何发现这些技巧的。我回答：“就是因为兴趣啊！”

没想到，这样的兴趣，日后让我在经营旅行社时非常得心应手。我因此深深觉得，人生走过的每一步，都算数。

■■■

当我还是家庭主妇时，我就很喜欢玩。家里每年都会有一两次旅游计划，需要安排行程、找机票等。那时还没有网络，需要靠自己一步步地找。

记得有一次，我在日本买了一本旅游书，在书中看到一些法国古堡，联系方式只有传真号码。我就用自己很烂的英文写下：“我是廖惠萍，想在某月某日订你们的古堡。”然后用家里的传真机“哒哒哒”地传过去，接下来一直等，等到欧洲的工作时间。到了深夜，只要听到传真机“哒哒哒”地响起回传的声音，整颗心都会雀跃，赶紧跳下床去收传真。

越有兴趣的事，我就越不怕累，至今还是如此。直到现在，虽然我为了争取时间，已经不像以前一样会从台北飞札幌、飞香港，再飞回台北，但只要有人问我换里程的事，我还是会津津乐道地分享这件让我兴趣满满的事。

有些兴趣，要让专业来协助

从外表和谈话来看我这个人，一定会觉得我很有自信，应该看不出我其实是非常容易崇拜别人的个性吧？要让我崇拜一个人，非常简单，只要他会的事情是我不会的或他能把我很喜欢的事更完美地呈现出来，我就很容易崇拜他。公司有个长期配合的工务技术员，大家都叫他“队长”，他的名言就是“我会”。

“队长，我从日本邮购目录中看到的这个杂志展示柜，为什么在中国台湾找不到？”

队长冷冷地瞄了一眼我手中的目录说：“这个我会啊，要几格？”

不到一个月的时间，配合需要的尺寸，为我量身定做的杂志书柜，已经漂漂亮亮地立在我新家的客厅里。

“队长，我家的水龙头坏了、断电了、衣服放不下了，公司被白蚁袭击了、被老鼠攻击了、厨房水槽冒水了……”

“我会，我会。待会儿就到。”

就这样，他从我们的办公室、布展现场、我的新家，再到日本民宿、咖啡厅……每当“我会队长”在水深火热的现场打着赤膊、汗流浃背地卖力工作时，我真的很想冲上去找他签名，真的太帅了！

“我会株式会社”还有一名猛将，就是公司御用的3C[①]通讯达人许先生。从最早期新宿—台北的网络电话、视讯，再到两地的所有门禁，全是许先生一人搞定的。有时他来日本，为了抢时间，不得不出手相助日本工务工程（如牵线和装电子锁等），常把日本工人吓得一愣一愣的。

“他不是装电话的吗？为何什么都会啊？”

“为什么不会？他们真的太慢了，等他们搞完，我在台北的

---

① “3C”是指计算机(Computer)、通讯(Communication)和消费类电子产品(Consumer Electronics)。

工作会少赚很多钱，只好先做了。”许先生如是说。

这两位“台北之光”，是本人一路披荆斩棘，走到全世界都要带上的战将。也许这是再正常不过的反应，毕竟谁不爱才？谁不爱将？但慢慢地，我却发现这个想法不是通则。当我和别人分享某个新朋友、新厂商的优点时，我经常遇到的反应是“还好吧？我也会啊，那个很简单啊，那个又不难啊！”但是真有机会让他们去尝试时，不是做不好，就是无法如期完成，没有想象中那么简单。从小事中体会每个细节的不容易或尊重专业，并非是一些人眼里想当然的事。

在我开公司带人的经验里，经常遇到某些人总以为自己最棒、经验值最丰富，对外来的、新鲜的信息不愿意敞开胸怀接纳。我虽然已经超过50岁了，但我对新鲜的事永远感到好奇、觉得有趣。新的生意模式与新事物尤其让我兴奋，总是希望能再多尝试一点，并且运用身边的资源，请优秀的专业人才加入，做出一张不丢人又漂亮的成绩单。

以咖啡厅来说，对我而言，餐饮业除了东西要好吃之外，视觉效果应该摆在第一位。因此在选定了中国与日本两大主流咖啡豆之后，在整体设计方面更不能掉以轻心。此时刚好碰到密友米力要转换职业跑道，从任职28年的公司设计总监退任，独立成立视觉工作室。我跟米力相识已久，甚至有段时间还自荐担任她的经纪人。因此这等重要的事，当然是交给专业又值得我信任的人去执行。

米力从来没有让我失望过。无论是品牌的定位、色彩的选择、选品的加持，还是氛围的建立，她都一一替我细心规划。而且常常是要5毛给1块，她给业主的选择绝对不会只有一个，从多种角度提供了多种成品，让业主的梦想有更高的完成度。记得在筹备DOMO CAFÉ之际，每次收到提案或看到寄来的成品时，我总是“好可爱、好可爱”的惊呼不断，那种沉浸于自己喜欢的事，以及看到梦想完成的幸福感，真的是无法言喻。在这个过程里，当然会遇到很多反对的声浪，从成本、市场、使用度等方面质疑我的选择，我也因为这些质疑而焦虑过。但这时，我就会提醒自己：相信专业，相信自己的选择！

果然，DOMO CAFÉ自2018年7月19日开幕，到我在表参道（东京特色街头时装店的聚集地）逛街时，被同事急召回咖啡厅目睹大排长龙的盛况，不超过45天。究其原因，完全是因为IG[①]上的打卡照片不断增加，使人们闻风而至。而大家之所以会在IG上上传照片，正是咖啡厅的视觉设计奏效了。这点应该完全归功于米力，当然也证明了要做好一件事，除了要由兴趣力来开启，加上热血的执行度，更需要专业能力全面推动，才能让整体更臻完美。

不到3个月的时间，我们看到IG上的渲染度不断发酵，也知道年轻族群喜新厌旧，更新率高，若开完头彩后未能继续维持，可能热度一过，人潮就散了。因此，我们利用地下室的长墙，引领打卡墙的风潮。为了再次强调中国台湾和日本两地间的文化交流，抓住文青族群，我们特别邀请了在中国台湾和日本人气不断上升的马来貘，将整面10米长墙以旅行和咖啡为主题概念，绘上马来貘图像，制造延伸至室外的视觉，带来更多打卡元素。此举马上引来日本少女杂志的采访，让DOMO CAFÉ促进中日交流的定位更为明显，也为原来老旧的大久保一带带来了新气象，当然

---

① Instagram（照片墙）是一款运行在移动端上的社交应用，能以快速且有趣的方式将人们随时抓拍的图片彼此分享。

也让咖啡厅的生意不致成为明日黄花。

此时，许多以“台湾祭[①]”为名的活动不断展开。我们选择了东武集团主办的“SKY TREE台湾祭”，这次除了DOMO CAFÉ应邀出场之外，我更希望趁机把中国台湾地方餐饮的新创元素带到东京，而并非像一般的相关活动，都是滥竽充数的小吃。因此我特别邀请台中最火的“盛桥刈包”前来助阵。

我在因缘际会下，认识了盛桥的老板Snapple。我经常对别人说，初识Snapple是在东京的那餐小火锅，这是我这辈子回报率最高的投资。一顿吃到饱不过2998日元（约合人民币198元）的小火锅，让我与Snapple结缘。她是我看到的非常有理念、努力务实的极少数年轻人之一。她不但固守岗位，又乐意敞开大门，走出台湾吸收新知。在维护与创新之中，巩固并创新台湾小吃的本质与价值。为了一个台湾祭，Snapple飞来东京5次，每样食材（从柴米油盐糖到猪肉）的挑选，犹如神农尝百草般逐一试吃比较，不是要做到类似，而是要求原汁原味100%的呈现。果然在4天的台湾祭里，创下销售1200碗卤肉饭的神绩，营业额单

① 面向大众，以台湾文化为主题的各种活动。

日破百万。这再次证明了，与专业结合加持的魅力。

虽然我常常强调兴趣与创新的重要性，但我更想强调的是，这绝对不是个人主义的一再放大。懂得欣赏自己的优点，更要有寻找千里马的眼光，以及接受不同意见的包容力。我认为，在做每项工作时能有同理心，带领伙伴团队合作且完美达阵[1]，这才是事业的最高境界。

① 达阵(touch down)是橄榄球比赛中重要的得分方式，即触地得分。

CHAPTER 02

学习力

每次的据理力争，都是学习

日本人真的很有礼貌，动不动就说“抱歉”或“不好意思”，但有时候说“抱歉”是因为不想解决问题，所以用“抱歉”或“对不起”来回应，后续就再也没有下文了，很难看到他们在抱歉之后提出任何解决方案。因此与日本人互动时，要懂得据理力争，最后的关键点是“要坚持住”。通过每次在困难之中的沟通和争取，我更认识到自己的能力，也学到沟通，学会自信。

1 永远都要据理力争

日本人通常自认为是最优秀的，所以经常会出现自以为是的情况，就算是自己的错，也打算只做出客气的表象，就想打发旁人。

最特别的体验活动没了，怎么可以

经营旅行社的时候，曾经带过一次让我印象深刻的团。

这一团的住宿地点，安排在日本最美丽的溪流青森奥入濑溪附近的知名旅馆，因为团费比较高，所以加入了一些特殊体验行程作为卖点。当时，旅馆推出的体验方案，标榜可以在奥入濑溪畔用餐。在行程表上，我们也刻意宣传这一特殊体验，用以区别市场上竞争激烈的其他旅行社行程。

抵达旅馆后，按照惯例，旅行社必须先缴费，并且确认人数。我和旅馆结完账后，又过了一段时间，便请导游去确认第二天的活动细节，此时才被告知因为种种因素，旅客不能进行户外体验了，溪畔用餐必须改成室内法国料理。虽然旅馆方说了很多次抱歉和对不起，但我表示无法接受，因为这是我们行程中非常重要的特殊体验。更何况，如果已经知道无法执行，至少应该在我付款前就明确告知，而不是钱都给了，等到晚上10点多了才说做不到。在深夜时刻，我们也很难与客人沟通。

两边来来往往地交涉，最后导游束手无策。

不行，这样一点也不合理，我急忙下楼处理。

我和旅馆人员沟通，听着对方一直说“对不起”，但就是没有提出任何有诚意的解决方案。一想到客人们对这次用餐充满了期待，怎么可以这样草率了事？心中一把火烧上来，我生气地拍桌子大骂。

这一拍，却拍出了惊天动地的画面。

最后，旅馆主管决定，原订地点无法使用，那就调整至另一个户外场地，并且出动所有厨师，把餐桌全部拉到户外，服务人员推着餐车上菜。厨师们穿着全套制服、戴着高帽子出场，效果比原先预期的更好。团员们享受了如同野餐般的户外法式料理，用餐完毕，旅馆方还加赠每位旅客小礼物以表歉意。

这件事情，让我学到即便尊重对方，仍要据理力争。

在日本谈事情时，经常听到对方说抱歉。但越说抱歉，有时越让人火冒三丈。我认为真正的道歉是“不好意思，我把你的衣服弄脏了，我帮你送洗”，道歉之后要有补救的动作。但大多数情况下，日本人只是一直说抱歉或不好意思，然后什么后续方案都没有。据理力争这个原则，不只和日本人打交道时适用，在职场上，我认为同样可以用来要求自己及合作对象。

当然，不是每件事据理力争就行得通。但以我的个性来说，试了不成功，我可以接受；但我不能接受连试都不试，遇到事情只会自认倒霉地说“算了”“那是不可能的”，这不是我的作风。在尝试的过程中，当然也会发现某些事情对日本人而言就是不能挑战，如与法令相关的事情；但也有很多次，尝试突破之后就发现行得通，如提出对方从未想过的变通方式。很多时候，一旦突破了，反而能获得更大的成功。

合作，绝对不等于百依百顺

做生意时，想要争取业务的一方，常常因为对客户有所期待，而迎合客户的种种要求。尤其在面对大公司或国外客户时，经常见到这种“顺从”。我认为尊重客户是必要的，但同时也觉得即使“顺从”，也要有原则。

尊重日本人的做事方法与“顺从”日本人的所有决定，这两种态度是完全不一样的。你可以尊重日本人的礼貌、文化和习惯，但不见得要遵从他们所有的思维、逻辑和对事情的看法。如果你真觉得这样不对，那就要提出来，要求对方改善。

这些年，我与日本人打交道的过程中，经常觉得日本人很“死脑筋”。例如，与建筑师沟通时，他们的固定模式就是复制之前的步骤一、二、三。其实可以一加二A、二B、二C，但他们会直接回应：“没有其他做法了。”很多中国台湾人看到日本人，习惯先自我矮化一截，只要对方说“只能这样做”，往往立刻接受，不管自己原本的想法是什么。

我也遇到过建筑师画设计图时没有用完容积率，我认为这样并未充分利用空间的可能性，沟通后对方却说：“原来你们要用完啊？”从建筑师的角度，他们只想着要把设计做到最漂亮，并不会优先考虑业主的成本结构，思考自己所设计的每一厘米、每一平方米需要多少预算。

为此，我只能建议或提醒对方：“是否可以采用其他不同的方式呢？”建筑师往往会恍然大悟地说：“这样不错啊！”与日本人沟通时，真的经常发生类似的情况，所以不要以为他们提出的方案一定是最专业的。与法令相关的事务我会诚心请教，但其他方面就不一定了。

中国人做事有很多优点，我们的脑筋动得很快，有很大的变通空间；而日本倾向于上班族社会，大家习惯领薪水，复制既有的经验。“前辈怎么教我的，照着做就不会出错。”这是一般日本人秉持的职场信念。长期不断地重复操练，使他们可以把一件事做到很精准，但缺点是不懂得如何变通。

处理事情的方式也是如此。例如，一件事其实有A、B、C三种做法，但日本人如果之前只做过方法A，就会觉得方法B和C没试过，直接先排斥掉。通常我会追问他们为什么一定要坚持方法A，因为我想了解他们的思维逻辑，了解之后思考如何进一步沟通。

就像房屋设计为什么一定要朝南？改个方向，也许可以创造更多的使用空间呢？起初，设计师对我的追问也讲不出个所以然，只说他们从来没想过房子可以朝其他方向。持续沟通后，才发现日本人盖房子习惯朝南，是因为日本的冬天很冷，房间朝南，阳光充足，比较温暖；而中国台湾比较温暖，所以我们认为朝北可以使用更多的容积率。这就是地理环境差异造成的文化差异。

经过讨论，才知道为什么每位日本建筑师都坚持房屋朝南；也因此学到，在日本买房子尽可能选择南向，将来要脱手时比较好卖。这和做生意时以容积率的使用来思考很不同。

经过这样的沟通学习，我才发现并非所有建筑师都很固执，虽然他们不见得100%正确，但坚持的背后一定有其道理，我们必须去了解，然后与自己的思考模式做比较。如果我的做法比较合适，我就会坚持。

总之，不要一味地接受，更不要一味地反对。

一次负责到底的报价

初到日本，有装潢需求的台湾朋友，看到日本人的报价时一定会傻眼：价格怎么这么高？就算日本的人均收入比中国台湾高，但这个价格怎么算还是不合理！这样的报价，让台湾的专业装潢人士看了，也觉得不可思议。

我曾请从事装潢工程的李先生，按照我给他的设计需求报价。当他得知日本工务所的报价比他的报价多出一倍时，很得意地说："仅餐饮设备这一项，我和日本工务所同样选择购买星崎的设备，我在乐天找到一模一样的，型号也相同，仅3台机器的价格就相差40万日元（约合人民币2.64万元），更别提还有其他的施工和设备了。"

李先生认为，日本人就是通过这种方式来赚客户的钱。听到这里，我立刻告诉李先生：“其实日本人的思维不是你想的那样。”

过去，我也和李先生一样。装潢自家住宅时，看到日本工务店的报价单上，仅厕所用的胶合玻璃就要100多万日元[①]。于是我问了替我做设计图的中国台湾设计师，设计师惊讶地说：“在中国台湾，只需不到1/3的价格！”

我上网搜寻，发现日本富山有家生产胶合玻璃的工厂，同样的规格，只要30多万日元。发现差价如此之大后，我当然拿出据理力争的精神问日方工务店，为何开出这种价格？有浮报吗？日本工务店淡淡地回答道：“没有报错。这个报价里还包含很多风险值。比如，一块玻璃从工厂出货需要运送，期间如果破了怎么办？送到现场后，工人安装过程中万一不小心缺了一角，是不是要重新换一块？”

工务店的承诺是装好为止，这些意外是他们全部要承受的风险值，当然要一概评估进去。

听完工务店的解释后，我还是无法接受，心想：“坏掉就算

① 1日元约合人民币0.066元。

再买一块，还是没有那么贵啊！”

于是，我又请翻译打电话去富山的玻璃工厂，告诉对方我要订货，并且愿意多付10万日元（约合人民币6610元），同时也会自己找车来装载。得到的答案是“我们不出货给个人，只跟业内经销商往来”。

工务店告诉我，这就是日本人的规矩。一块玻璃从工厂到业内经销商，再由业内经销商到个人，这中间当然有风险，所以加两三倍价是正常的，不但如此，还要加上管理费。

经过工务店的说明后，我明白了。最后交屋时，整个流程令人感动。因为工务店交给我的资料凭证，竟然是厚厚一叠，把所有设备的保证书都放在里面。意思是即使你买的是大金冷气，如果设备坏了，只要找工务店就好，不需要自己去找冷气厂商，因为这些都包含在5年的质保里，找他们负责就可以了。这点与中国台湾的做法很不一样。

因为有过这样的经验，于是我也分享给李先生：报价的同业者其实没有“诓”我的钱，这个报价除了施工，还包含了风险值，因为安全与质量是日本人做事的最高原则。

我也从中学到了一课。

2 不要轻易放过每个“为什么”

我经常提醒同事们：“要知其然，更要知其所以然。”当你能知其所以然，很多事情都好沟通，你也才能真正学会做事的逻辑和方法。

发薪日的秘密

你可曾想过为什么公司要在每月的5号发薪水吗?

我们公司原来的主管退休了，改由另一位同事升任。过去薪水都是每月的5号发放，新主管上任后，决定改成每月的1号。他的想法非常单纯：这个月的工作完成了，就应该马上把薪水发给员工，公司不应该拖延。这个说法听起来很合理，一个月的工作做完了，应该第二天就发薪水啊，为什么要拖到5号?但是为什么大部分的公司都在5号，甚至是10号才发薪水呢?

“你之前一定也在其他公司工作过，有些公司是10号，甚至是15号发薪，有没有想过为什么?”我问。

会在5号发薪水，是因为要给会计留出工作的时间。这些工作颇为繁杂，包括需要汇总大家的打卡记录，确认每个人的迟到、早退、请假和加班等情形，才能统计薪水，所以不可能在月底当天计算，一定要等这个月结束后才能进行。有些大公司人多，甚至需要花更多的时间处理。

月初马上发薪水，看似是对员工负责，其实会给会计制造不便。会计为了能在1号发薪水，只好把25日当成截止计算日，每次计算月薪时，还得调出上个月最后5天的记录。本来一张卡单可以做完一件事，一更改就变得更加复杂。

主管听了恍然大悟。当然，他不是故意的，只是想突显公司的责任感。但如果认真去了解5号发薪的原因及过程，就绝对不会做这样的决定。这就是知其然，也要知其所以然的原因。一旦知其所以然，很多事情的逻辑链条就通顺了，连沟通的过程都免了。就像日本的法人申报截止日，设在结算日之后的两个月内，能同理可证，举一反三，就是你的经验值。

我自己是个打破砂锅问到底的人，也希望员工在面对工作时，能够知其所以然。或许是我的个性特质在这一点上特别明显，遇到事情就会不断地讲述原委。因为我总是希望，在交代事情时，要让对方理解前因后果。

理解做事的各种原因和细节之后，在讨论方案时，就能提出更好的决策，可以很快地舍弃某些我们不必做的事。而且因为思考过、想过更多的方法，就能做出比原先更好的东西，这也是我们在日本能够不断突破和革新的原因。

日本人的很多传统做法是有理由、有背景原因的，但也有不少是因为他们过于僵化、太遵循传统，不见得都是最合理的做法。我们可以用创意试着改变，但如果你不知其所以然，就很难以理沟通，说服对方，最后只会变成“对杠”而已。

从“东京不动产女王”到“东京税务女王”

任何事情都有两面性，有优点，也会有缺点。我在了解一件事情时，不但想知道其优点，更想追问它有什么缺点。我喜欢的学习过程是有问有答的，优点抓住了，缺点可以一起审视。如果能通过实践的过程让自己更加精进，那就再好也不过了。

“背后替这些大明星在日本置产操刀的人，就是廖惠萍。廖惠萍是什么样的人呢……”打开电视机，一位名嘴正在侃侃而谈日本置产的心得方法。他提到的“廖惠萍”，就是我本人！

朋友传给我一段影片，是个很有名的谈话性节目，讨论的主题是“名人日本置产知多少”。听到别人在电视上说出我的名字，并且讨论我的种种经历，真有种奇妙的感觉。我想每次谈到日本置产时，之所以比较容易提到我，不是因为我本身多有名气，而是我替哪些名人操刀、买了哪些房产。这些名人的赚与赔，才是名嘴与观众关心的焦点。

或许是因为媒体都很注重综合报道吧，这些名嘴说完名人们投资了多少钱、收了多少租金、达到多少投资回报率之后，经常要再加上一些评论，来中和一下日本置产的利多[①]。

其中最容易被指出的，也是很多投资人最常问我的问题："你们在2009年雷曼风暴后进场，的确捡到了便宜，但那时也是日币汇率最高的时候，1美元兑78日元，现在日币跌到1美元兑110日元。所以你们虽然赚了租金，却赔了汇率不是吗？"

如果这是事实，那这个"不动产女王"的封号，我也不敢顶在头上这么多年了！我想，说这些话的朋友，当初一定没有跟我买过房子，也没有跟对的人买过房子吧？

先让我往自己的脸上贴点金：只要是我亲自带过的客人，我相信没有人在汇率上吃过一毛钱的亏。如果只是把海外置产视为

---

① 利多是股市术语，指对多头有利且能刺激股价上涨的消息和因素。这里指在日本投资置产的优势。

一般买房的金钱交易，而没有任何汇率汇兑的风险概念，我想还是不要踏出本土比较好。

我用一个简单的例子来说明。中国台湾人很喜欢赴日旅游，当然也很关心日币的汇率。经常在新闻里看到，日币一旦达到26开头（即1万日元兑2600多元新台币之意），银行里兑换日元的人就大排长龙。这表示什么呢?

以1万日元兑3000元新台币来看，这表示如果去日本买一个售价3万日元的电饭锅，你的成本是9000元新台币；而达到26开头时，同样售价3万日元的电饭锅就变成7800元新台币了，足足便宜了1200元，将近85折！如果一碗拉面售价1000日元，当你在汇率高点时吃，那碗拉面的价格就是300元新台币；在汇率低点时吃，就变成260元新台币。

一旦理解了这种换算，当我们在日币高点时进场买房子（2009年日币最高甚至达到1万日元兑3900元新台币），一户售价1000万日元的小套房，直接拿着新台币去银行换汇交割，价格为390万元新台币；但当日币跌至26开头时，1000万日元就变成260万元新台币了（这就是名嘴们说的“赚了租金却赔了汇率”），成本便可降低130万元新台币。

所以明知日币在高点，却还是很想吃一碗日本拉面，又不想付出这么高的成本，该怎么办呢？如果突然有位好心人，此时愿意掏腰包借你1000日元去吃面，并且允许你等日币低点时再还钱，你会不会选择这么做？

那谁会这么好心，在你要买房子时愿意慷慨解囊借你钱呢？当然只有银行了！

不过银行可不是善心人士，天底下没有白吃的午餐，当然也要付出代价。银行会告诉你，把你原本要结汇的390万元新台币存进来，当作质押品，这样我就愿意借你9成，这就叫作“定存单质押”。这大概是对银行而言风险最低的一种贷款了，因为若有人不还钱，银行可以马上扣住你的定存单来清偿。

正因为风险很低，所以利息也很低，我们在海外的客户甚至可以借到利息1%以下的贷款。2009年时，中国台湾的银行还不愿意承做这类贷款，经过我们与几家大型台系银行沟通后，很多银行开始了中国台湾与日本两地的合作，利息最高也不过1.3%。如果你在1万日元兑3600元新台币时借日币，到1万日元兑2600元新台币时再还钱，你在汇率上整整省了38%！而银行一年只收取1.3%的利息，就算10年才收你13%，你说贷不贷？有没有这么好的事？当然有！自2009年日币最高点起，有好几次机会都让你看到26开头了。如果过去11年里你都错过了，现在换也来得及！

所以我说，只要是我带进场的客人，都没有在汇兑风险上吃过亏，甚至我还提醒过许多客人。在我的VIP客户中，有一位是中小企业的负责人。有一次她心满意足选完房产后，在我送她前往羽田机场的路上，她与我分享了她的无负债经营理念，甚至连买房她也喜欢用现金，不喜欢贷款。我一听立刻提醒她："王董，但是现在万万不可以用现金买进日本房产，把你的现金拿去抵押借日币才是最正确的选择！"她毕竟是做生意的大老板，经我一提醒立刻就懂了，马上交代银行做定存单质押，在中国台北设定日本拨款。后来在日币汇率很低时，再买日币还清贷款，足足省下新台币400多万元（1新台币约合0.2364人民币）。为此，她还在文华东方设了庆功宴。

另外，也有很多人经常抱怨，日本置产即便投资回报率不错，但税率这么高，也讨不到便宜啊！这是事实，不过请容我再骄傲一下：多年来在台湾客人的调教下，我想能像我这样，把台湾客人最喜欢问的税务问题或疑难杂症搞得一清二楚，并且勤做笔记，不断更新，本人应该也算是业界一姐的等级了吧！

不得不说，日本是个分工很细致的社会，可以说是一个萝卜一个坑，住中野的不知道上野，卖房子的不懂税务，根本是天经地义。我初到日本时，只要一问到税务问题，即使再大的合作厂商（如东急和野村等），他们都会告诉我："廖小姐，要不要我帮你约税理士？"

而税理士也分成很多种。在中国台湾，不懂得帮客人节税的会计师应该会没饭吃吧？但日本的税理士却是据实做账，有时因未能深入了解该公司的经营情况或未经充分沟通，导致日本税理士忽略了节税的种种可能，这是非常常见的情况。很幸运的是，我遇到的几位税理士都非常愿意随客人一起成长，有时候通过会议和咨询，税理士也承认从我们身上学到了很多东西呢。

而我们也能从日本税理士身上，了解日本税务机关的逻辑和想法。你相信吗？日本民间盛传，赤字（赔钱）不查税，黑字（赚钱）大概3年就会碰到一次查税。因为税务机关认为赤字已经很可怜了，还查什么税呢？当笑话听的同时，其实还要看到其中的深意：日本处处都以诚信为基础，他们认为所有的报税人都是诚实的；但如果你欺骗税务机关被发现了，那就永远翻不了身，政府处罚起来也毫不手软，足以让缴税的人傻眼兼翻白眼。

我就曾经栽在一位积极争取我们公司业务，而且看起来很有经验的税理士手上。他竟然完全忽视了我们该结算的月份，中间也没有去做各项申报，等我发现时已经来不及了！接下来的一年我只能说，我以取之日本、用之日本，以尽缴税义务为荣！真是一次非常惨痛的经验，让我付出了8位数的代价。

但现在如果你问我用什么身份购买房产，如个人、法人、BVI（离岸投资人），各有哪些优缺点；或者房产的税务试算分析、购屋有效的节税规划等问题，本人的水平真的可以代表中国台湾参加比赛了。有一位初次合作的同业者，合作之后真心地对我说，从来没有遇到过比我更专业的日本房产海外经纪。

这点我十分自豪，但我还是要强调，每次在做税务的功课时，我总是兴致勃勃、勤恳好学、孜孜不倦，就连税理士都对我事后的整理赞赏不已。这是因为我在做这些事情时，已经不只是在为客人整理了，每个疑问、每个答案，都是我自己也很想知道的。而我在日本大大小小开了10来间公司，客人的问题有时也正是我想了解的，学会之后马上就可以运用在自己身上，何乐而不为呢？因此你若想称我为“东京税务女王”，我也是非常乐意的。

要“真懂”，而不是只有“懂”

在会议上，我经常告诉翻译：“我听不懂，麻烦请对方再说一次。”

刚开始，译者总是一头雾水：明明应该听得懂啊？对方说不行就是不行，为什么惠萍姐听不懂对方说的“不行”呢？

我所谓的听不懂，是我没理解对方的逻辑。为什么不行，能不能讲出来听听？因为有些人的“不行”只是反射性回答，日本人只说“这样不行”，但是我不懂为什么。同事们常常希望惠萍姐不要再问了，但我一定要追根究底，问出“为什么不行”，甚至有时候是“为什么行”。问出答案以后，从此这个知识就是我的了，永远都不会忘记。下次当别人问起：“为什么日本人讨厌一楼？”我就能侃侃而谈其中的奥秘，而不是反射性地回答：“日本人就是讨厌一楼啊，我也不知道为什么。”

日本人不喜欢一楼，是因为一楼相对缺乏隐私，会有落灰、易脏及容易遭小偷等问题，所以一楼通常比较难招租。了解了原因，自然也就可以向客户解释清楚了。很多我的客户会说：“经过惠萍的解说，就知道在日本不要买一楼了。”

或者如果有一楼的房产要出售，想把它推销出去，又不能说一楼很糟糕，该怎么卖呢？虽然一楼对有些住户，尤其是女孩子来说可能不太安全，又有落灰易脏等问题，但对于一些家庭型的客户来说则是受欢迎的。

因为住在一楼，小孩蹦蹦跳跳不会吵到楼下。虽然大家都喜欢住2楼或3楼，可是如果家里有个3岁的小孩，日本人又很怕吵，说不定每天都会有邻居来按门铃抗议。所以可以把一楼的房子推荐给有3岁小孩的家庭，他们住在一楼可能比较好，虽然有其他缺点，但小孩可以更安心地跑跳，利用这一点或许能成功说服客户。

■■■

同事们常常笑着说："惠萍姐，可不可以不要再这么注重逻辑了？"

或许有些人做事毫无逻辑，但我却十分在意做事的逻辑。逻辑搞清楚了，会有很大的帮助。很多人做事不求甚解，因为没有耐心，也不想搞清楚事情背后的逻辑；更常见的情况是根本不懂什么叫逻辑，从小到大只习惯背诵、硬记，不想研究事情到底为什么会这样。

但研究每件事的前因后果，对我来说是很有趣的练习。“究竟为什么这位太太对我推荐的房产都不喜欢？”“对日本人来说，为什么这处房产一直都卖不掉？”“日本人卖不掉，也许我能找到方法卖掉。”“日本人因为某些原因不喜欢，但可能中国人根本不在乎。”

多问为什么，了解事情的来龙去脉，这个“懂”，将为你省去更多的沟通成本。

我对事情穷追不舍、不断追问的习惯，应该是来自公公的熏陶，再加上自己的好奇心及追究到底的个性，有时还真的会问到别人都觉得烦。就像更改发薪日的问题，我会不厌其烦地让员工了解，不只是在意有无亏欠员工的问题，更要大家知道每月5号发薪的原因何在。又如，在日本卖房子有“登录免许税”和“不动产取得税”，员工多半是死记硬背这两种税，问他们为什么有这两种税，大家都不知道。

“登录免许税，类似于中国的国税。”如果这样和客户解释，他们会比较容易理解。与中国相比，日本还多了一个“不动产取得税”，这是地方税，也就是地方要额外征收的费用。

客人也常问，在日本持有房子还有什么固定成本？我会以中国台湾为例。在中国台湾，有房产的人会被征收房屋税和地价税；日本也一样，只是除了这两种税，还多了一个都市计划税。这3种税合称“固定资产都市计划税”（简称“固都税”），每年业主会收到一张缴费单，一次性征收。但日本政府也很贴心，缴费单除了一次性征收，还另外附上4张季缴单，意思是你也可以选择分期缴付。

我常想，不只是房地产，任何行业，如果每位业务都能这样理解事情，而不是都靠“背”的，效果一定有很大的差别。理解后，还要用你自己的方式消化信息，再把信息用容易懂的方式说给客户听。

很多客户都觉得，听我讲解事情特别清楚，正是因为我会自己先消化信息，所有数据我会重新研究，思考如何讲解给客户听。自己要先搞懂，才有能力告诉别人。一有不懂的事情就先问吧，千万别怕被人说：“连这个也要问？”

永远别怕开口问。问了，学到的才是真正属于你的东西！

3 沟通要成功，来自更全面的学习与思考

我并不是含着金汤匙出生的，拥有的只是一旦对工作有特别的想法，就会想去落实的热情。我总想着怎么做可以更好、更特殊，而不是一味地遵循既有规则。

理解了，才能有效沟通

很多时候，一定要有新意才能被看见，否则就会被埋没，尤其在职场上更是如此。一个人埋头努力，不一定会被看到；展现自己的新意，才会突显。但“新意”这件事，在日本很难被执行。因为日本人不太愿意接受新的东西，所以沟通很重要。

前文我说过，要先尊重并了解日本文化，评估哪一个比较好，哪件事是对的，再坚持你认为对的事物。许多人一开始就被文化差异打败了，觉得“那就别谈了，算了，反正对方不会听的”。很多时候我反而觉得，对方的坚持应该是没听懂吧？应该是不了解吧？有没有什么更好的沟通办法呢？

有一次，我帮客户与业主谈价格。这个项目很特别，卖方要卖的是类似商场的建筑物，并且在售出后要求回租，租金开价一个月900万日元（约合人民币59.49万元）含税；但买方业主则希望每月租金900万日元，税要外加。因此双方展开了一次漫长的协商。

我必须尽力为客户争取更好的条件；而卖主是个生意人，也想要保障自己的权益。我表示理解他的立场，但税内含与否，是与租金高低有关的。

“现在日本的消费税是8%，如果租金含税900万元/月，最后我的客户能拿到的是833万元/月（约合人民币55.06万元）。但目前的安倍经济[①]打算逐步提高消费税，最近的目标是调涨至10%，尔后可能增加至12%或15%。如果接受了含税价，虽然一样收取每月900万元的租金，年底消费税达到10%时，却只能拿到810万元（约合人民币53.54万元）；消费税每调涨一次，就等同于减收租金，本金会被侵蚀掉，所以才会坚持税要外加。要是将来消费税一路涨至20%，那还得了？”

卖主听懂了我的意思，经过一番沟通后，双方取得一个中间值成交。由于我理解双方的利益点，并站在这样的基础上进行沟通，业主就比较容易接受协调。换作别人，要么继续坚持，要么在不理解消费税或不考虑顾客权益的情况下，也许在沟通争论中就直接放弃了。

---

① “安倍经济”是指日本第96任首相安倍晋三于2012年底上台后加速实施的一系列刺激经济的政策，最值得注目的就是宽松货币政策，日元汇率开始加速贬值。

理解是沟通成功的关键。你得先理解客户在想什么，再提出你的想法，这样的沟通远比只捍卫自己的利益要更容易达成双赢。

3个项目合并执行的沟通分工能力

每个人的时间有限，当要处理的事情都挤在一起时，思考如何让每件事相互连接，做好分工，也是一种沟通的能力。

自从我的个人粉丝页开张，就决定要做一些有趣的内容。与小编讨论的结果是重点放在：春天野餐、老咖啡厅、景观餐厅和介绍DOMO等主题，至于要拉到富士山附近的“古名家”民宿则列为备选项。

不久后，我接到东森电视台来电，说想做日本专题的节目。

同时，读者朋友现在正在读的这本书也准备开跑，出版经纪人希望可以贴身采访，为日后出书留下更多可用的资料。

于是我开始思考：粉丝团、电视台、出版社，三者能否同时进行？例如，出版经纪人如果能一起参与粉丝团和电视台的项目，可以从中了解我是如何分配事情的轻重缓急；而小编的目标是把我的粉丝页经营起来，来自东森电视台的参与是很棒的加分项；对于东森电视台来说，出版经纪人与粉丝团小编并不会影响他们的工作。

嗯，我的心中已经有3个项目同时开跑，所以更要把大家都集合在一起，三方合力组成首发团，绝对值得。

如果只是为了经营粉丝页而规划一个古名家民宿首发团，资料就只能在某几档粉丝页曝光；如果只有东森电视台的提案，我可能也不会把古名家民宿两天一夜的行程提出来。正因为3个项目同时存在，这次规划费用就会花得很值得，周边效应更高。

例如，古名家民宿首发团一次有4家媒体同行——我的自媒体、电视台、出版社，再加上网红（同时也是我的好友）徐天麟。如果每次只有一个媒体采访，现在的媒体效应如此短暂，坦白说，CP值（性能价格比）不够高；而且这么多人必须租车，我一定也要跟着去，既然都要去了，为什么不一次做多一点？

思考三方的目的并不冲突，也不是竞争对手，那就大家一起来吧！

当我把这些事情合并在一起做时，首先需要的是沟通。3组人马互不认识，却要一起去做同样的事情，我必须居中统筹，成为大家的连接点。于是，我将各组人马的资料都发给特助，成立Line（即时通讯软件）群组，只要任何人需要协助，无论是机票还是拍摄，都能很快得到回应。例如，东森想拍咖啡厅，特助就帮忙预约DOMO CAFÉ，安排好对接人员；粉丝团小编想采访店家，特助就帮忙发通告约访。

在这次合作中，要特别提及，我请特助小郁来协助也是经过思考的。小郁来公司3年了，协助我做了很多事情，但从来没有处理过类似的事。她对旅游业很陌生，粉丝页也是今年才开始做，更别说还要出书了。然而，因为我的时间有限，加上3组人马互相也很陌生，必须由我把群体整合在一起，特助一定得参与进来，帮忙协调。同时，有了这次的经验之后，如果日后还需要再次组团到古名家民宿，小郁也会更熟悉该如何操作。所以就连群组的联络人小郁，都是特意安排的。

从一对一的沟通，到多组人马的沟通，虽然人数和性质不同，但共同点是“为大家着想”，思考每组人会需要什么，并且越快提供协助，越能让接下来的事情顺利圆满。

这就是我“一次能做很多件事”的秘诀。

龟兔赛跑，努力一定不会错

我人生第一家正式工作的企业，是当时颇负盛名的百是传播公司。那是整个传播界的训练大本营，很多优秀的人才都来自百是传播。在那里，我学到了很多沟通的技巧。

进入百是传播不到一年，有一天，我和另一个女生被叫进业务主管的办公室。“由你们两个负责发通告。”美丽又有智慧的业务主管说。

发通告?

发通告是很重要的工作，即专门请明星来上我们公司制作的电视节目。我想，从小参加辩论社的我，或许是因为口齿特别伶俐，在群体中很容易被注意到，所以才会被主管选中。

可是另一个女生呢？她和我一样进公司不到一年，发音不标准，公司还有人私下说她很“怂”。主管为什么会选择她呢?

担任新职务伊始，业务主管要我们两人坐在她旁边，听她讲电话（后来我也养成了这个习惯，带员工就让他们从坐我旁边开始）。所谓的发通告，就是要跟明星或经纪人周旋，有很多关键和窍门，要懂得进退，勤于沟通。对我们来说，大家只是刚毕业进入社会没多久的菜鸟，哪会懂那么多人际往来的技巧?

所以听业务主管讲电话，就成为最快融入这份工作的方式。而主管也会听我们如何讲电话，有时电话刚挂上，她就会说，刚才最后那句话不要那样讲，应该怎样说比较好。

虽然公司手上坐拥黄金节目，很多艺人都想上通告，但一些大牌艺人仍要靠我们死缠烂打慢慢磨，才能邀请到。一开始我遥遥领先，每次都表现得可圈可点，另一位同事很明显在领会事情方面没有我那么快。我们一人负责一星期的通告，初期我还自我感觉良好，但没过多久，我就发现陆续有好多大牌明星都出现在她的进度表上，当然我也不会服输。

她请到了江蕙，那我下周也要发一个大咖；你约到林慧萍，那我就发金瑞瑶……后来我才知道，为了发通告，她可以利用自己的下班时间去歌厅等人，一等就是大半夜；甚至发现某个艺人的老家也在基隆，就通过众多学姐学妹去搭关系。

还记得，我初生牛犊不畏虎，表现得聪明又机灵过人，她却总叫我“廖妹妹”。我的个性得理不饶人，如果认为自己对，就会不顾情面，直接说出对方做错了什么。当时年轻气盛，爱计较、爱比较，又爱说别人的不是，如今回头看，实在羞赧。

有一天，碰巧看见她有件事没做好，我立刻指出：“你看，这很重要！你竟然没发现。”她则说：“廖妹妹，这种事以后你可能也会碰到，不是只有我。”这句看似平淡的话，却让当时的我有很深的体会与感悟。直到今天，当我遇到态度强势的人，我也经常和对方说：“换个立场吧，以后你也会碰到，做人不要这样。”原来，她教了我最重要的一课——厚道。抓到人家一个小缺点，就巴不得立刻放大，这样不够厚道。

我从她身上学到了不少，知道自己真的太咄咄逼人，又太爱表现；而她比较温婉，不善言辞。我常觉得我们两个之间是一场龟兔赛跑。主管也看得出来，我是兔子，她是乌龟，但千万不要小看她的潜力。慢慢地，我就感受到她带来的压力了（说穿了，主管真的很厉害，把两个个性不同，却都很认真的人放在一起，让我们暗中较劲）。后来，我们成了很好的朋友，因为我们发现其实双方是可以互相支持的。

这个过程让我发现：聪明才智会让你容易出线，但真正走得远，跑得长的，绝对是努力。我很幸运在我进入社会的第一份工作中，就让我认识到“一定要很努力”这件事，虽然很老套，但真的是终生不渝的座右铭。

CHAPTER 03

任性力

把任性化为行动，就能改变现状

1999年，全球正迈向千禧年之际，在许多人讨论着末日的同时，我窝在台北和平东路家里的沙发上，抱着我的第一台IBM笔记本，以当时虽不快，但尚能忍受的拨接速度与世界连线。我清楚地听见自己心里的声音：走出去，改变现状！

1 不要漠视内心的呼唤

“发自内心想做这件事”，就是最大的成功动力。风险评估后，预设停损点，就立刻行动吧！失败了，大不了只是回到原点而已。

1999年，我结婚6年了。

我有一个虽不懂甜言蜜语，却殷实木讷的先生。我们住在公婆给的一楼独院大房里，有个备受公婆呵护宠爱的5岁儿子，身边最常陪我的是带孩子的菲佣。我拥有一份食之无味、弃之可惜，但钱多事少离家近的鸡肋工作。我每天早上起来看看股票，一周出门工作三四天，没事混迹于号称“糜烂会”的小圈子，这里吃，那里喝。圣诞节等年节就卖弄一下从贵妇才去上的厨艺课上学到的料理。安排一年两次家庭旅游，从欧洲到印尼巴厘岛，行程设计品位独特，美到别人以为我在开旅行社。

是啊，这样的现状还有什么需要改变的?

因为婚后家庭的保障，我拥有了原生家庭从来没给过我的安全感，整个人看起来慈眉善目，圆润不已。一般人看见我，总不免说上几句：“真好命，嫁得真好！女人有了孩子，就是要把孩子照顾好，其他没什么事了！工作别挑了，去哪找那么闲的差呢？”

以上这番话听起来没有错，但是“我”却不见了！没有一句肯定或赞美是出于对“我”这个人的认同。我的好命来自可靠又顾家的先生；我的幸福建筑在孩子身上，最后可能再用自己的付出来绑架孩子；我的成就只来自工作不差的待遇，而不问自己的能力是否得到了发挥。家庭、事业和人生，看起来都是一张张安全牌，而且是一张张“没有自己”的安全牌。

幸好，喜爱旅行的我一直并没有因为家庭而改变我的兴趣。借助日益发达的网络，我搜集海外旅游信息的平台也从过去的报纸、杂志和书籍，扩展到海外网站。我发现要阅读这些信息，英文能力是必要的利器。

无意间，我上网时看到一个中国人在加拿大经营的旅游网站，除了旅游信息，也刊载了一些游学心得，还提到一些与寄宿家庭相处的生活纪实。我无法停止，把这些文章看了一遍又一遍。

“我想去游学！”这个声音在我心中振荡着，无法止息。

先生也支持我的行动（但也有可能是根本来不及阻止我吧）。很快，所有事情一切就绪：机票、学校，以及寄宿家庭。

■■■

我起飞了！飞到一个从来没有去过的洲、国家、城镇！这个城镇只有一班公交车，晚上6点就停运，没车就意味着没脚。我第一天踏进语言学校（其实应该说是补习班吧），没有绿树成荫的校园，课堂就位于城里的大楼里；homestay（寄宿家庭）的“home爸（男主人）”和“home妈（女主人）”，年纪和我一样大，他们第一次接待的寄宿学生是个来自陌生地方的家庭主妇。偌大的屋子里只住着我们3个人，夫妻俩住楼上，我住楼下。

这个小镇偏僻、人口少、不方便，都是我选的、我要的，这样很好，因为这是我自己做主的选择。

我的优势就是年纪大

下课后，我回到家里吃完饭，通常才傍晚。电视看不懂，没有街可逛，那个时代也没有手机可滑，也没有脸书可以秀自己的生活，我甚至连手提电话都没有。唯一可做的就是靠着“哒哒哒……”地拨号上网连线，与我的世界接轨。

很快，我就在班上名列前茅了，享受着在求学时代不曾有过的优越感。

其实人的智商在出生时就决定了，智商并不会随着年纪的增长而增长，记忆力甚至还会随着年纪的增长而下降。我认为自己学习出色的最大原因是我是全班年纪最大的。

我在加拿大和日本都上过几次语言学校，大多数同学的年纪都是一二十岁，因为升学、进修或工作需要而入校提高语言水平。像我这种家庭主妇，可以说是非常罕见的。

最近一次进日本语言学校时，我已经50岁了，考试常拿满分，一样是全班的拔尖学生，上课回答起劲到老师经常要提醒我：“我是问别的同学，‘廖酱’等一下。”

在我们一二十岁时，进补习学校的原因经常是被动的，也许是父母的期许、升学的压力或职场的促使。而像我这样的人，没有人催促、没有人逼迫，也没有加薪的诱惑，一切都很单纯，就是源自自己想去。那种自己想去做某件事的动力，才是不可漠视的最大推进器。

知道对方要什么——成功迈向专业作家之路

想创造一个良好的海外学习环境，但又离不开本地的生活范唷，这道难题何解？因为在加拿大游学的时光真的很无聊，我除了把时间用在读书上，剩下的时间为了纾解乡愁，也想为人生难得的经历留点记录，我开始试着把每天的生活用文字记录下来，然后通过最传统的电邮发送给我的朋友们。当时还没有博客，更别提脸书了，我采用的是最传统的方式——先用Word文档写好文章，再电邮给大家。

慢慢地，我发现副本收件者与日俱增。很多人看了我的文章，会转发给他们的朋友，最后干脆请我把他们也加入电邮的收件名单里。通过电邮，很多很少见面的朋友都传来了他们的鼓励及向往。在这样的互动里，我得到了许久未有的成就感及喜悦。

我突然灵机一动，如果有那么多人期待及喜欢我的文章，而且从写作中我也获得了极大的乐趣，再加上写作不分场合，不受时间和地域的限制，还能随心所欲地从任何地方开始。如果能将写书作为自己事业的主轴，又能把孩子带在身边，有良好的语言学习环境并且省下了大笔学费，即使台北的收入减少了，一加一减却也相差无几。更棒的是，停留的时间也是自己可以控制的，我能选择在海外的停留时间，似乎没有比这更一举数得的事情了。

既然决定了，就要开始行动！“Just do it”是我很重要的座右铭，尤其当这个梦想没有实施的成本及风险时，更要马上付诸行动。就算失败了，不过是回到原点，而我相信即使卖书赚不了钱，收获的旅行经验也会是巨大的资本。

毫无疑问，既然要写书，就要写有趣的、有专业知识且自己擅长的，这样的书似乎才会有人买单。旅行是我最大的兴趣，语言学习是我的目的，提供当地居游的生活体验，这在当时的出版市场上似乎看不到类似的书籍。既然我在加拿大的游学经验能让朋友们感兴趣，那应该会有市场吧？

当时，中国台湾的旅行风气正从团体旅行，开始慢慢走向自由行，而自由行最重要的就是旅游情报的搜集，一般媒体报道的广度及深度已经满足不了市场需求了。我找了3家出版社提出策划方案，其中上旗文化看到了这个市场，他们也一致认同异地的深度旅游情报与亲身体验的文字，对读者是极有价值的。

以出版社的获利模式，要砸下成本出版这类书，单凭图书市场的回报来看是赚不回成本的。但既然有愿意自己出钱出力、远赴异地的作者，出版社帮我出书的意愿自然大增。顺道一提，在挑选出版社时，我根据出版图书类型及品质锁定了几家出版社作为投稿对象；至于稿费，从来就没有列入我的考虑范围。我想的是如果出版社能给像我这样的素人一个机会，愿意出版我的作品，对我而言，那就是最大的肯定。

如果你不开始第一步，先有第一本作品问世，就别谈朝着专业作家的路走。在那个当下，我很清楚自己要的是什么。并且在判断很多事情时，我想的是“双方需要的是什么”，而不只是“我想要什么”，如此才能开创合作的契机。如果你不能为对方找到接受你的理由，只是一厢情愿地想完成自己的梦想，那只会让你在梦想的路上绕得更远，走得更慢。

2 没钱一样很任性，任性就是我的行动力

脸书出现之后，我们更容易走近每位脸友的生活，尤其以我这种大咧咧的个性，做什么、吃什么，通过我的脸书便一览无遗。有人对我的随心所欲非常羡慕，也有人会留言：“有钱真好，就是可以任性！”但我想说的是在我没钱时，就已经很任性了！

被债务压垮的家

我并不是含着金汤匙出生的富二代，我的原生家庭甚至连书香世家或小康之家都称不上。

出生在眷村的我，父亲是军人，母亲是埔心客家家庭的小女工，这样的组合既无恒产[①]，也无人脉，再加上养育了5个孩子，想不负债也很难。

客家人刻苦耐劳，众所皆知，但早早嫁给父亲，母亲也只能随波逐流。从小我总是看着父母标会[②]、花钱，再标会、再花钱……我不知道什么是标会，以为那是一个标得高就有钱的游戏，并不知道标到之后，钱是要还的。

我有三个姐姐一个弟弟，在成长的过程中，妈妈会为了让我学琴而去标会，也会为了一场孩子的钢琴演奏，带我去镇上做件小洋装而标会。

---

① 恒产指家庭固定的产业，如土地、田园和房屋等。

② 标会是一种民间小额信用贷款的形态，具有赚取利息与筹措资金的功能。

母亲当然特别疼儿子，但对我们4个女儿的爱也从来没有少过，甚至可以说是溺爱。无财可理，也不会理财的父母，很快就被债务压垮了。

印象中，从高中搬回外婆家，一直到大专再回到台北念书期间，我过了很长一段一直搬家的日子。

有一年，我们被迫搬离我从小长大的地方新店（位于台湾省新北市）。坐在搬家公司的货车上，我一站站念着从新店到台北的站牌名字，告诉自己：有一天，我一定要再搬回来，搬回这个我人生中度过最快乐、最满足及青春时光的地方。

一直到上高中后好久好久，我还会不自觉地在纸上默写新店到台北的每个站名，写下新店老家的电话号码。一定要买一所自己的房子，有自己的家——这是如此刻骨铭心的誓念！

不知道是不是从那时起奠定了我对不动产的兴趣，从大专开始，家里的每一所房子都是我找的。

最奇妙的是，就算穷，就算没有预算，我还是可以找到吴兴街待拆的军眷住宅、房东都在美国的士林独栋洋房、安居街教授的顶楼加盖、碧湖旁当时生活功能还不足的电梯华厦……套用现在的话来形容，就是CP值（性能价格比）超高。

初生牛犊不畏虎，累积越多越有价值

从进入世新大学念书开始，我就靠着助学贷款上学，生活费需要自己打工赚取。

我找到一份第四台的工作。当时的第四台还不合规，全靠拉线。每天，大家下班后在家里看电视时，公司的胖老板就会骑着摩托车把我载到某个小区，拿着一叠传单给我，指着前面的公寓说："今天跑完这几栋就可以了。"

我抱着一沓沓的传单，先从对讲机按某户人家的门铃作为敲门砖，开了铁门走进公寓，从最顶楼开始，一户户往下按门铃，游说住户装设第四台。

当时，也不知道哪来的胆子，更没想过是否有危险，只要住户愿意打开铁栅门，让我进到客厅里解说，我就会因为有这个机会而开心。

就这样一户户地，我敲了好多门，有被拒绝的，也有被允许进屋的。我因此看到了好多人的家，并且惊讶于明明是同一栋楼，为什么有的一进门就觉得好简陋，有的好温暖，有的好漂亮呢？

慢慢地，我懂得了什么叫灯光，什么叫装潢。18岁的我也从此时开始，在脑海中勾勒出一幅家的图像：等我有钱了，我也要把我的房子装饰得很温暖，很与众不同。这样的想法，或许可以算是我在室内设计方面的启蒙吧。

我不知道我的业绩算不算好，我只知道两年来，一路坐着胖老板的摩托车从大同区开发到内湖区。胖老板对我也算有情有义，薪水从来没少给过我。是否正是从那时开始累积了我的业务天分，不得而知！

■■■

要从世新毕业了，毕业等于失业的压力从来没少过。更何况在世新读书期间，坦白说，打工的时间远比去学校上课多。同学们纷纷朝向广告或摄影等行业发展，而我却什么都不会，一度还曾去补习班学打字，想去贸易公司当办公室小妹呢。

无论如何，我还是看着报纸上的招聘广告，递了履历表到传播公司。通知我被录取时，真的开心到不行，薪水1万元对我而言根本是天文数字。

我什么都没有，什么都不会，也没有特别的资源。如果真要讲条件，也许只能说反应不错，逻辑还行，表达能力颇佳。因此除了努力表现，别无他路。

我很早就明白，所有努力都不是为了老板，而是为了自己，自己累积得越多就越有价值。

“如果没有特别的聪明才智，就要花比别人更多的时间，让老板和公司其他人看到。”这是我初入社会时的目标，所以只要有机会表现，我绝不放弃。正所谓初生牛犊不畏虎，在我身上真的表现得淋漓尽致。

这种初生牛犊的状态，不只是指21岁刚入社会的我，而是表现在我面对任何行业上。面对任何一个新的专业或我不懂的领域，我都有这种初生牛犊的心情及态度。

只要是我想学的、想做的，我就会贪婪如一只饿虎，四处觅食，绝不放过目标。

记得我在开旅行社时，我可以为了一个私人订制行程，翻遍书架上的所有日文旅游书籍，苦读所有景点官网或信息源，然后比较所有台湾旅行社的行程，一定要加入与众不同之处，让自己和别人不一样。

我曾经为了一个没做过的考察行程，把去过N遍的地方再踩一次线，硬要撇开团用的餐厅，再为难餐厅把用餐地点移至户外，以创造田间野趣。

替小朋友规划游学之旅时，因为不甘于只是玩玩迪士尼，硬要克服万难，让孩子们进入日本的国民小学，与当地的小朋友一起上课；而且使用当地的NPO（non-profit organization，非营利组织）当宿舍，亲自带上员工及其家人去煮三餐，硬是创造了一个至今无人能突破的21天“OHAIYO[1]游学团”。

刚踏入日本不动产领域时，我总是每天在网络上做功课或浏览房产到半夜，所有同仁及同业者，第二天早上会收到我凌晨发出的邮件，他们就能马上处理。只要客户给我机会，无论任何时候我都可以回复、交谈，好多亿万的项目都是半夜谈出来的。第二天同仁一上班，收到的就是客人的出价单。

只要我想要的、想做到的，一旦机会来了，我绝不放弃。很多人与我合作时，最常说的就是感受到我的热情或行动力。

说真的，我不知道什么是行动力，什么叫不一样的热情。我只知道，这些都是我想做的，如果机会来了，我想不出有什么理由放弃，有什么理由放冷。

---

① Ohaiyo，日语的日常寒暄用语，可译为“你好”。

同样的，我也十分善待自己。我是那么专注于我的梦想，以及我的目标和工作，这些都是我自己想要的，所以一旦达成了，慰劳自己一下不是应该的吗?

正因为我不是为别人而做，目标是我定的，理想是我筑的，所以做到了，我更想好好犒赏自己。买一件漂亮的衣服，投资自己一个名牌包，开启一段向往已久的旅行。与家人或喜欢的人一起去做犒赏自己的事，让我有特别大的成就感。

把任性用在自己喜欢的事情上，全力以赴

在脸书上，我经常分享自己的生活，也常看到有人在底下留言："有钱就是可以任性。"

没错，我是任性。但是，我的任性从来不是当老板或当女强人之后才开始的。从小，我就一直这么任性，任性地专注于自己喜欢的事，任性地为了梦想奋不顾身，不计较待遇得失。

我不知道别人的任性用在哪里，但我的任性是用在自己喜欢的事物上，并且全力以赴。即便失败，即便灰头土脸，我也不想

停在原地，后悔什么都没做，后悔如果当初去做了现在会怎样?

当然，不可讳言的，随着年纪及经济自由，我任性的范围和程度就更广了。大家只看到我的外在表现，总爱说“有钱就是任性”，但其实每次任性的背后，都有我无数的坚持和信念。

有可能为了某趟任性的旅程，我其实已经做了好几个月的功课，只为了规划出让自己和同行的人都满意的旅程。

或许你看到我似乎浪掷千金、不断造访高档餐厅，但其实只是为了某个VIP要一次不失败的餐叙，所以我要不惜成本地到处试菜。

在有些人的眼中，看到的是我任性地花上千万去开一家咖啡厅，其实是因为我在创业的过程中受到日本太多滋养，这既是我的一点回馈，也是我想为家乡开一扇窗，让更多的人了解我的家乡。

同时，我也任性地认为，做这件事应该对很多人都有帮助吧?因为我想让大家都能喝到特别好喝的京都咖啡，我想让更多的日本人看到中国台湾有很多很棒的东西，所以我任性地初闯咖啡界，以素人之姿挑战日本咖啡领域。

因为任性，我大胆地启用了别人都不敢用的新锐建筑师。为了完成他的理念，建筑费用因此上涨了30%，只为了对得起信任我的客人，能在明治通（东京环路第五号的一部分）盖一栋耀眼的旅馆，交出一张不丢人的成绩单。

因为任性，我在两个月内两次游览巴黎，因为想与同仁一起分享巴黎这座浪漫城市的美好，所以才决定把公司旅游也拉到法国。同样，不愿意只有自己独享意大利，3年内连续造访意大利，当然也是希望同事们能一起感受。

这些都是我的任性，这样的任性会让我十分热血，会让我觉得自己的努力原来那么有价值！我将任性化为行动力，不只是现在，而是从很小的时候就开始了。你呢，你将自己的任性化为行动了吗？

任性就对了，让知名建筑师藤本壮介也点头答应的傻劲

在东京表参道上，只要人们走过这栋建筑物，莫不为它特别的造型停下脚步，驻足欣赏、赞叹。这栋建筑物的设计师就是藤

本壮介。

藤本壮介是日本非常有名的新锐建筑师，被誉为安藤忠雄的接班人，他曾经是台中地标台湾塔的竞图冠军。

“他可能是未来的建筑普立兹克奖（有建筑界的诺贝尔奖之称）的得主喔！”听到朋友这样形容他，我就认真地记住了这个名字。

2013年，我卖出一块位于表参道的土地，客人买下后希望委托我监造。此时，藤本老师的名字就从我的脑海里跳了出来。

“东京大学副教授，荣获日本建筑大奖、JIA新人奖等奖项……”维基百科上如此写着。他的作品具有独特的创意，极具识别度，更以不可思议的手法展现人类生活形态的崭新境界。刚好我的朋友，薰衣草森林负责人王村煌曾经找过藤本老师参与大溪教堂（位于台湾省桃源县，为天主教方济会教堂）的项目。在拜访过程中，藤本老师的亲切给他留下了很好的印象，他也透露老师对中国人十分友善。

我第一次拜访藤本老师位于新宿的办公室，也是一次非常奇妙的经历。

我根据资料中提供的地址前往，抵达现场后才发现很难找。可能在传统印象里，对于建筑师事务所，尤其是这么有名的建筑师事务所，人们总有特殊而美丽的想象吧。

怎样都没想到，它居然坐落于一栋宅配集货工厂之上。上楼需要搭货梯，映入眼帘的是一家颇为奇特的公司，入口处陈列着诡异的装置艺术，再爬一段窄到不行的增建楼梯，才会抵达位于4楼的事务所。

藤本老师告诉我，初到东京开展事业时，一切都要撙节用度，神乐坂（位于东京都新宿区的日本传统老街）这里曾经是印刷厂的大本营，这几年经济不景气，大都倒光了，所以才能用便宜的租金租到这么大的事务所。由这段神奇的际遇，展开了这次美丽的合作，与大师相处及工作的过程，只能说如沐春风。

当时，藤本老师已经有很多的国外作品，意大利、德国和法国等地都有他设计的建筑物。聊过之后我得知，他经手的每个项目都会请一个当地事务员作为对接负责人，所以办公室里有各地的职员，接待我的许先生就是中国台湾人。可见老师认为，良好的沟通对于建筑的设计架构是很重要的元素。

看到如此国际化的阵容，其实我的内心是很惶恐的。这个项目虽位于表参道，基地却只有50坪（约165.29平方米），怎能与世界级的建筑项目相提并论呢？藤本老师会愿意花心力接手这个项目吗？

显然，我的担心是多余的。藤本老师不仅一口应允，还把这个项目当成他个人非常重要的作品，认真地与我沟通本项目的用途、想法和预算。当时我也没想到，自己一股脑儿的傻劲，最后竟能通过大师的手，成就如此漂亮又经典的建筑。

报价及设计图都完成后，即将施工时，碰到建筑原材料上涨，工期也因此延误。为了这一点涨幅，藤本老师亲自认真地与我们开会说明。我忍不住对助理许先生说，让国际级大师来接这个小项目，老师还事必躬亲，实在很不好意思。许先生却告诉我，其实老师非常重视这次合作。因为他觉得过去通常是国外业主找上门，这次虽然委托的业主也并非日本人，却非常难得的是建筑位于东京一等地的表参道，让老师觉得备受重视及礼遇，更想好好把握这个机会，完成代表性的作品。

这让我惊觉：我们小小的梦想，虽然只是一盏小小的烛光，但因为努力不放弃，就有机会成为最光明的火炬。因为想要点燃火炬的人，也在等待我们的火源啊！

完工后，藤本老师经常将表参道的项目放在展场或著作上发表。而且有两年的时间，我也将自己的办公室置于其中，每次上班就会看到很多专业人士前来朝圣，也有建筑系的学生或团体前来观摩。自己也有种莫名的光彩，竟有幸能参与这场盛会。

现在想起来，还是非常赞赏自己的执着。为了让客人买的地产更有价值，为了让作品能更完美地呈现，哪怕是山一样远的地方，哪怕是如梦般遥不可及的念头，我都怀抱着去做才不会后悔的一股傻劲，不先预设立场，行动就是了——而老天爷终究会让这样的美梦成真。

从民宿到旅馆，任性闯出一片天

2018年，日本政府关于民宿的新法雷厉风行，很多民宿主人叫苦连天。除了很早就努力让手上的民宿合法化之外，我更希望能盖一栋合法的旅馆。

幸运的是，老天爷听到了我的心愿，让我有机会买土地、盖旅馆。旅馆落成的这一年，刚好就是2018年。

这一年，除了民宿合法化，我们还开起了旅馆。

■■■

在日本，民宿一直处于灰色地带。日本政府虽允许开放民宿，却一直没有施行细则。身处这种灰色地带，我觉得一定要做最坏的打算。于是我告诉股东："我们应该要有家旅馆，拿到合法的正式执照。"既然有了目标，就有方向。新宿的土地释出之后，也确认可以申请旅馆执照，虽然基地面积很小，但我仍执意出手买下。

这块地位于商业区，基地虽小，但容积率[①]高，可以申请旅馆执照，基地的位置又处于明治通的主要干道上，比较醒目，地址门牌都不错。算了算地价加上盖房子的成本，再估算建好后可收取的租金，就算这块地不卖，由自己持有，投资回报率还是很划算。

在这里要说明一下。

---

① 容积率又称建筑面积毛密度，是指一个小区的地上总建筑面积与用地面积的比率。

我在投资房地产时，向来先从房地产本身的客观条件来评估，如地点、交通和附近商圈等；然后（也是最重要的），我一定会扪心自问：自己留下来好不好？过得了自己这一关，我就会放手投入，我就可以向每位销售对象负责。就算因经济情况变化，导致卖不掉，自留当然也可以是选项之一。但经过我这样层层评估之后，从来没有房产会留到最后一关。

当时这栋建筑物落成，租金保守估算每平方米可以租到4200～4500日元（合人民币278～297元），建造费估计每平方米80万～100万日元（合人民币5.29万～6.61万元），市价大概可以卖到每平方米120万～130万日元（合人民币7.93万～8.59万元），算起来投资回报率是可以过关的。

地买好了，接着请建筑师画设计图，这时候老客人“阿北”出现了。

阿北已经80多岁了，过去每年固定会跟我买一处房产，投资房产的目的是让子孙长期收租。在这块土地出现前，阿北有很长一段时间因为日本经济前景未明而没有出手。

阿北是一位非常传统，带有日式行事风格的老人家。可能因为年轻时与日本人做生意已久，对于遵守时间他非常在意。

那一天，阿北又来东京固定“巡田水[①]”——看看他这几年购买的房地产。偏偏司机接机迟到，阿北大发雷霆。我在公司已经得知情况，一上车就发现气氛不佳。阿北不好骂我，只好对着车上的空气开骂。我只能先声夺人，在阿北还没有骂到同事之前，就先下手为强，把同事说了一顿。其实阿北在意的只是自己有没有受到重视，有没有把接他这件事放在心上。看到我比他更早追究责任，也就安心了，气也消了很多。接着我再预订惠比寿高档的叙叙苑（位于东京惠比寿花园广场大厦的知名烤肉店），并要求能看到夜景的最美位置。阿北顿时觉得受到礼遇，心情大好（当然，也有可能是骂完了有点不好意思），于是突然说：“你那间旅馆，我决定买了。”

阿北买过很多房地产，却从没买过一整栋。不过他的朋友曾向我买地盖房，房子也盖得非常漂亮，让他信心大增，再加上我原本就有心经营旅馆。于是我告诉阿北：“您向我们的房产中介

① 农耕时代，水田旁边的灌溉沟渠是大家共享的，插秧前后要从田埂旁边开洞，将水引进自己的水田中。“巡田水”是指农民要常常去水田里查看水量是否达到适合的量。这里指阿北查看自己拥有的不动产。

公司购买土地，让我们帮您盖旅馆，再由我们集团向您租下整栋旅馆来经营如何？”（真好，一交屋就有房客了。）

这是一个共赢的生意模式。阿北连建筑图都没有细看，也不知道兴建经费，当时就同意一口价买下了。任何做生意的人都知道，这种情况下越节省经费，利润就可以越高，但我却从来没有这么想过。因为客人对我的信任，因为我想要在东京有栋旅馆，所有一切构思都是以自己为出发点。

我摒弃了传统建筑师的提案，虽然我知道那是最省钱的盖法；我用了别人力劝我不要用的新人建筑师，只因为他的设计创新，能让这栋建筑物的外表时尚出色；我采用了最贵的工程方法，只为了让每个房间没有柱子，更为宽大。我知道最后的结算没有为我创造最高的利润，但凡事莫忘初心，我也秉持这样的初心，直到最后一刻。每当我在夜晚经过明治通，都要为自己的傻劲及幸运感到骄傲！

这栋位于新宿的9层楼旅馆落成后，因其特殊的外表，加上晚间的打灯方式，显得非常时尚立体，吸引了许多路人的注目，并在此打卡上传到网上，当然业主也非常满意及开心。

3 也不能只有任性，生命给我的礼物是韧性

够任性，为我带来了丰沛的行动力。但人生不会总是一帆风顺，我也遇到过挫折，曾经犯错。感谢这些人和这些事带给我的磨炼，让我除了任性，如今还有更多的韧性。

生命中雕琢我的3个人

在我的人生中，我认为有3个人一定要感谢，他们改变了我，让我变得更乐观，更细腻，更有行动力。当然，帮助过我的贵人非常非常多，但让我能改变人生，也给予我力量的，非这3位莫属。

第一位是我妈妈。

第二位是我的公公。

第三位则是我的大贵人周先生。

■■■

妈妈教给我的是“自信”。

我对妈妈的感谢，不只是因为养育之恩。妈妈没读过书，也没有金钱和人脉方面的资源，却给了我一种“很傻”的气质：我不计较钱的傻劲、热血涌上来就行动，以及对人的信任都来自于妈妈。

“你要学钢琴吗？没有钱，妈妈就去标会，让你学。”从小，妈妈给我的感觉就是永远有希望，永远有行动，永远很乐观。我曾经以为天底下所有的妈妈都是一样的，妈妈对女儿不就是什么都OK吗？做错事回到家，家永远都是避风港。无论我们送什么给她，她都觉得是最好的。

可是我长大之后，认识了其他朋友，听他们讲起自己的妈妈时，才发现原来不是所有妈妈都像我妈妈一样。

有个朋友说，她送给妈妈一个LV包，妈妈却说："你真不贴心，我年纪大了，手没力气，为什么要送那么重的包包？"朋友后来再送一个小的，又被妈妈嫌不够有诚意，既然要送名牌包，为什么选那么小的。

另一位朋友也很感慨，无论他做了多少事，都会被妈妈嫌。家里的兄弟很多，但妈妈却最疼那个不孝顺的孩子，甚至告诉他，5根手指伸出来都不一样长啊，父母对孩子也不可能都一样。

也有朋友的妈妈非常挑剔且强势，女儿永远都要想办法讨好妈妈。不带妈妈去旅游，妈妈嫌她没有心；做了计划要出游，又嫌她浪费钱。

我觉得妈妈给我的最大宝藏，就是让我对自己有强大的信心。因为妈妈总觉得我是最好、最棒的，那就是她教育我的态度。她总是对每个人说"我女儿既漂亮又聪明"，所以我直到很大之后才发现，自己原来并不漂亮。看看以前的照片，甚至还觉得怎么那么丑？但我还是学会了欣赏自己的优点，一直觉得自己很可爱。妈妈对所有孩子一样引以为傲，虽然我可能比较擅长读书，但妈妈的态度一致，就是“我们家的孩子最好”。

妈妈的乐观与傻劲，每天开开心心又不计较的态度应该是天生的，然后她又遗传给了我。我总是对所有人与事毫不怀疑，乐观面对。受伤了，我就认为是别人不正常，我的信念才是最正确的，对身边正能量的事物永远不退缩、不怀疑。在妈妈的言传身教影响下，我对自己的决定是有信心的，所以更以行动力来推动任何我想做的事。

同时，我也是个耳根软的人，不会记仇。

人都有做错的时候，即使我今天骂了员工，但只要员工愿意改善，我也会很快让事情烟消云散。我对仇恨的感受度或记忆，大概撑不过一个朗朗晴日。基本上，只要不碰触我的底线，如背叛或欺骗，我都很乐意再给员工一次机会。妈妈是这样，我也是这样。我们不会太在乎，不会太计较，更不会动不动就觉得自己不如人。

无论别人有意还是无意谈论我，甚至批评我，只要我心里觉得自己挺好的、很棒啊，那我根本不以为意。因此与我相处的人，通常会看到与我强势作风相反的好脾气。

相对的，这也成就了我对他人的信任。虽然有很多人说我太容易相信人了，但我认为，如果有人对不起我，那该检讨的是他，而不是我。人与人相处，如果因为太信任某人而被欺骗了，要检讨的应该是欺骗者，而不是让自己背负“太信任别人”的罪名，任人套上“以后不要太相信别人”的枷锁。

相信人是一种美德，这是一种正能量。虽然难免有些人会起歹心，但我也相信抱持正能量可以让恶意退散，对方会觉得“我们不应当去骗这个人”。

我非常感谢妈妈让我养成了充满正能量的个性，更让我天生就怀抱着对人的信任感。

■■■

第二个为我的人生带来改变的人，是我公公。公公让我懂得，把事情“做完”与“做好”的不同。

我的原生家庭和我的婆家是截然不同的两种家庭。原生家庭没有那么好的生活环境，当我还在吃冰棒时，老公已经在吃冰激凌了；当我还在为五斗米折腰时，公婆拥有银行的金饭碗，年终动辄收入一两百万，老公又是他们的独子，生活令人羡慕。

公婆家和我的原生家庭在经济、背景和环境各方面都截然不同，我的父母没读过书，而公婆都读到了高中。

记得第一次与公婆见面时，约在中山堂。当天下着很大的雨，我从台视坐车过去，路上塞车，大概迟到了1小时。他们两位穿着非常正式的外套，笔挺地站在中山堂的门口等待。当时我心想，才第一次见面，这个阵仗也太正式了！进入餐厅后，婆婆不疾不徐地帮公公挂好外套和帽子。这般情景，实在和每日为五斗米折腰的我爸妈差别太大了。

后来到他们家里做客时，如果受邀者有3人，一进门就会看见有3双拖鞋摆着。说好几个人就招待几个人，多来一个或少来一个人都是失礼。如此严谨，与我放荡不羁的原生家庭风格真有天壤之别。

老实说，公婆一开始也不太赞同我们的婚姻。其实年纪越大，越觉得他们的反对是有道理的，家庭背景确实相差太大。人们常说门当户对，毕竟结婚是两家人的事，不只是两个人的事。

记得结婚前，有一次，公公提到日本出现了一个新流行语

“工作猝死症”。他问我“猝”这个字怎么念，然后转身就去拿字典。这个平常的举动却带给我很大的冲击，老人家六七十岁了还查字典！我们家连字典都不知道在哪里呢。这只是一件小事，对我的人生及价值观却起到深远的影响。

我的原生家庭没有像公公这样的人——年纪虽大，却依然认真，有自己不了解的事情，就立刻查证。

以前的我只为赚钱做事，秉持尽量多做一点，多赚一点的心态。我没想过要把事情做“好”，只怀着一般年轻人打工的心态，同时打几份工，想多赚点钱。从世新毕业后，我的目标是买房。因为求学时代一直在搬家，所以立志一定要有自己的房子。在台视上班后，我还跑去MTV打工，觉得自己很能干，做了很多事，当时我的观念仍停留在“做很多份工作多赚钱”上。

那时，不知道什么是把事情做“好”。从小到大没人教我，父母没有教我，学校也没有教我，我做事都是为了赚钱。不管老板说什么，我就是求表现，让自己速度快一点，更聪明一点，更机灵一点。而查字典这件事让我惊觉，眼前这位长辈已经退休了，六七十岁了，为什么还这么认真，充满求知欲？

紧接着我发现，退休以后，公公每周六都会和银行的同事去唱卡拉OK，而且为了赴约，整个星期都在练歌。他的眼睛不是很好，就想多听几次，把歌词背下来。有一天他对我说："惠萍，我想要同一首歌一直听，帮我重复录这首歌。"我帮他录好之后，他真的每天一直听、一直练。这和我原生家庭的风格完全不同，因此当我看到这种努力时，心中大为震撼！后来我觉得，我和公公在努力这方面有些相似。

婚后，公公交付我很多事情。公婆给了我们一栋房子，虽然房子在我先生名下，但因为我比较善于沟通，公公经常提醒我要记得去开管委会。甚至在我挺着大肚子期间，房子要改建，公公也要我负责和建设公司交涉，觉得由我处理更安心。

这些相处的点点滴滴，让我学到做事要认真，要有求知精神，更要谨慎而仔细。

我是一个好学、努力、逻辑好，也很会说话的人，确实很容易赢得别人的注意，但我是否真正把事情做"好"了呢？其实并没有。

过去，我只是在利用我的天赋。终于知道要把事情做"好"，还是婚后从公公身上慢慢学到的。公公的行事风格确实带给我很大的启示。他小心谨慎，有求知欲，即使六七十岁了也毫不松懈。

当然，有些人可能会觉得这些没什么，但我的原生家庭从来没有兢兢业业、认真好学这类素质，更缺乏与人往来的礼仪教育。

曾经我做事不认真，也过于随性，原生家庭放任我自由自在——说穿了，我就是个在原野奔跑的野孩子。但公婆给了我一个框架，让我学会如何在有限的范围内，把事情做“好”。

开始的几年，我在家当家庭主妇，很多人都说：“你很好命啊，公婆连房子都帮你们准备好了！”但我只觉得自己被绑住了，如果不是有公公的指点，我想我的成就是有限的。在公公严谨精神的熏陶下，我变得更强、更好，我学会有效率地整理东西，有求知欲且认真，不像以前做事，总是随随便便，得过且过。

原生家庭给予我的是乐观，让我很正面、很积极，也充满傻劲。这样如一匹野马的我，婚后最终还是被驯养了，无法脱缰，也让我终于学会正规的思考与严谨的做事方法。

■■■

第三个要感谢的人是周先生，大贵人周先生教会我投资和理财。

周先生带我进入东京房地产的世界，我因此赚到了人生的第一桶金，有了财富的满足感，更拥有了促进中国台湾和日本文化交流的成就感。

赚到钱之后，怎样理财，如何再投资？这些都是周先生教会我的。

有一次，看到某节目讨论利菁（中国台湾主持人）靠日本房地产赚了很多钱。其中有位名嘴评论：“其实那个时期日币汇率是最高点，现在日币汇率这么低，利菁那时买的房子到现在一样也没赚到钱。”意思是在高汇率时买进，1000万日元可能等于320万元新台币，但因为汇率波动，现在不过200多万元新台币。即使这几年赚到些租金，也因为汇率损失赔光了。

如果是以前的我，或许也会相信这位名嘴的话吧？但现在的我心里则想：那是因为你不懂得避汇啊！

周先生常说：“我投资日本房地产10多年了，从来没有用过1日元。”

认识周先生之后，我看到了另一个世界。说的俗气点，就是有钱人的世界。他们的思维和做事的方法，的确和过去我所处的世界是截然不同的。

以前因为没有钱，所以任何投资（如第一次开公司），每笔钱对我来说都是天文数字，怎么可能说投资就投资呢？总是一再评估，即使是很小的假设性的风险，也会让自己却步。

但有钱人的世界却并非如此。当他们看到了好标的[①]，就像是秃鹰看到肉，一股脑儿扑上去，毫不犹豫，而且肉越大块，啄得越猛。刚进入不动产市场时，周先生经常叮嘱我，如果道路计划确定拓宽马路，周边所有房地产就是买买买！

买买买，就这么简单吗？不用拿钱出来吗？不怕赔吗？向银行借钱，信用膨胀，这对吗？但2008～2018年，我有太多客人都与我分享的一个心得就是“当初真的买得太少了”！

太少了！没错，这就是有钱人的思维。当机会来临时，看准目标后就要狠、准、快！

当我走在东京的街头，经过每个车站时，让我勾起回忆的通常不是景点，而是“这栋楼以前我卖过啊”“这处房产以前我收集过资料啊”“这块土地我做过方案啊，当初怎么没有出手

① 标的是指合同的双方当事人之间存在的权利和义务关系，如货物交付、劳务交付、工程项目交付等，种类总体上包括财产和行为。本文主要指不动产。

呢”……如果当初真的买买买，现在的我就不得了吧？我慢慢了解买买买的心情，所以也学会了这样的杀气。对于想做的事、有兴趣的事，我更积极地想要做做做！

但有钱人是否凡事都这么激进，凡事都首当其冲呢？这点我也从周先生身上也学到了别样思维。

很多时候，我对于很多新兴的点子或新的合作对象，也会有拼搏的念头，难道我不比他有实力吗？难道我们的聪明才智会比不上他吗？周先生却偶尔会对我踩刹车。他说，有些人是光脚的，有些人是穿鞋的，如果你把所有事全部摆在一起思考，那就是浪费时间。不要每件事都一味蛮干，要针对不同的人、事、时、地、物，选出对自己最有效的方式。因此我开始学习减法，赚多少不等于有多少，存多少才是真的。这种减法不只适用于钱，对于生活、朋友及人生都适用。

不是凡事都要自己去做，也不一定要自己做才有成就感，如果愿意把机会让给年轻人、更有需要的人或更有才能的人，我们贡献自己的经验或投入资金，可能比自己去做更有成就感。这是我在50岁之后的不同领悟。

认识一个好老师，就像给自己的人生一次来个大转弯，不只是看到不同的风景，还有不同层次的见识及领略。我想不是所有人都有这样的幸运吧？把这样的人称为我人生的贵人，周先生自然当之无愧！

犯错了，赶快找机会补救

2016年，因为新员工不熟悉日本的税务申报，公司被罚税了。

算一算，整整要罚缴日币3000多万日元。看到这个数字，我想任何人都会被吓傻吧！3000万日元（约合人民币198万元）可以拿来做多少事？获知这个消息时，我正在曼谷度假，顿时心情恶劣，跌至谷底。

当然，第一时间一定会心生怨怼：为什么没有想到更换税理士，为什么没有盯紧公司新来的财务？为什么？为什么？但千金难买早知道，后悔药是最贵的药。待心里呕完一波，我开始思考该怎样补救？我还有多少补救的机会，如何把损失降至最低？

懂做账的人都知道，会计有很多种理论及操作模式，并非千篇一律。对于公司的运作，我是最清楚的人，如果能争取和税理士再次全盘沟通，也许有修正罚金的机会。

首先，我尽快与税理士通电话，了解为什么会算出这么多税，并说明有些成本虽然预计放在明年，事实上在本年度是可以使用的。双方沟通完毕后，税理士立刻查了税法，认为我的说法可以被日本税务局接受。此外，我也接受了税理士的建议，把一些容易引起争议的旅费删掉，让我们的经费看起来更实在，可信度更高。这样一来一往之间，税理士再次试算新的成本结构，终于让我看到了一线曙光。

在此也要特别说明，与日本的税理士讨论税务时，千万不要直接开口就说：“我要少缴一点税，你怎么没有帮我省钱呢？”在日本，逃漏税是千万不能碰的事，也不要想向税理士请教。但如果请对方就节税方面提供想法，我倒是非常鼓励。毕竟日本人的脑筋死板了点，有时可能是税理士当初没想到，点一下若被接受了，就能互蒙其利。

在沟通时，可以多运用“节税”这个字眼，不要一直以“避税”或“少缴”的前提来讨论。在日本，钱款是否可以视为运营经费，我们的想法是有收据就可以，但日本的税理士会强调“到底是否用于公司”。这点如何判定，就只能自由心证了。

这次的罚钱事件在得到修正后，最终补缴了800多万日元；加上原来已经缴纳的500万日元，总共是1300多万日元（超过人民币86万元）的税金。

当然，这笔税金还是不轻。但我会想：总算是救回来一点了！关于让自己开心这件事，我倒是非常擅长自我心理平衡，不会一直纠结在“还是要缴1300多万”上。

从这个例子中，我的想法是本来要缴3000多万日元的税，因为发现了问题，庆幸还能补救，最后只缴了1300多万日元，一下子省了很多钱呢！

另一个意想不到的收获是，这件事也改变了我花钱的态度。例如，搭计程车要付1000日元（约合人民币66.1元），我会想，其中370日元（约合人民币24.46元）是日本政府帮我出的，因为我的税率是37%；搭新干线时，我通常也选择贵的座位。无论做什么事，其中37%是日本政府付的！平常少花钱，剩余的钱就等于要多缴税；还不如多消费，如花钱搭出租车，等于做每件事我都可以打63折呢！在这方面我还颇有阿Q精神的。我也终于明白，难怪有些日本人的工作时间达到一定程度，就不想再增加了，常说多领钱也只是拿去缴税而已，根本对增加收入没有帮助，还不如不要做。关于这一点“地气”，通过这次事件我也算是接到了！

最后还是要老实说，在日本多年，有件事我仍必须真心学习，那就是高喊：“纳税是我的光荣！”

■■■

与税务相关的事宜，除了缴税罚钱这些事，我也想和大家分享一点和日本银行打交道的观念。在日本，如果能从日系银行取得融资，无异于为经营注入一股活水。因为日系银行的贷款利率，与一些台系银行相比，真是低到让人流口水。

我们公司在日本经营多年，自然也想积极建立与日方贷款的渠道。但碍于我的身份（既非日本籍，又不是永住），想在日系银行取得贷款是难上加难。我唯一想到的方法就是用最老式的做法，让自己的公司更有实力，得到肯定。谁不想要一个可靠又安全的客户呢？

来到日本之后，基于业务的需求及税务考虑，我成立了很多法人机构（公司）。初期提请日系银行审核时，要介绍自家公司最基本的名片，就是你的结算报表，这等于是一家公司的成绩单。

当银行知道你拥有很多公司时，会要求统一计算为一个集团，全都要提供结算书。初期我还沾沾自喜，觉得名下有好多公司，应该会让银行觉得这个集团很大、很牢靠吧！而为了分散累进税率[①]，把收益项目平均在每家公司名下，似乎是再正当不过的做法了。

可是这些名正言顺、理所当然，在保守的日系银行眼中，就是一种不够光明磊落的做法。这表示你没有好好壮大集团的实力，只想节税，却没有为公司开枝散叶的规划。银行希望你把相同业务的收益都集中在一家公司，缴的税越多，越能代表你的经营实力。而不是为了节税这种小事，不断地开公司。

开新公司，表示一定要有新业务，要把新业务的项目和展望都列出来，这会显现在公司的营业执照和财务报表上。不像我们公司集团的营业执照和财务报表，一致摊开都是不动产投资收益，那用一家公司来做就好了。即使银行知道这样有益于节税，但并不鼓励。这种行为在银行心目中，你就不是个“好咖”。总

---

① 累进税率是根据征税对象数量或金额的多少，分等规定递增的多级税率。

之，这个观念我花了好长时间才了解，于是到底是要多缴税，还是贪图日系银行的低息？真是一道难解的习题啊！

此外，为了日后好贷款而铺路，没事就要存点定存做业绩，甚至真正要借款时，银行还是会给你定存的业绩压力。1亿日元（约合人民币661万元）放在银行里的利息是0.2%，借出来给你的利息是1.2%。有时，我会陷入“拿我的钱借我，再赚我1%”的死胡同里不得其解。但是碰到日系银行用1%的利息借你40年的诱惑，就像吸食毒品一般，还是身陷其中不能自拔啊！

遇到挫折，先平衡自己

虽然多数时候我都很幸运，我的大部分客户也对我都非常肯定，但我也遇到过让我完全摸不透的客户。

2014年，一位在中国香港银行上班的好友，介绍想购买日本房地产的中国大陆客户L太太和我认识。L太太的身家背景非常雄厚，根据她的需求，我为她找到一块银座的土地。

这块土地要价30亿日元（约合人民币1.98亿元），把房子盖起来可能还要10亿~20亿日元（合人民币0.66亿~1.32亿元），整个计划完成需要50多亿日元。

从找土地到带看，再到整体规划、做报告分析，两地的公司团队几乎天天备战，随时因应客户需求重新计算、修改报表……辛苦了两个月后，L太太却因为一些心理因素，决定不买了。

得知消息的第一时间，我的第一个想法是员工们怎么办？他们一定很失望，会不会觉得这个项目我们做了这么多，结果竟然是这样？

我也怕他们会对公司失去信心，所以我想到的第一件事就是先稳住自己。稳住自己的方式就是先平衡；而平衡自己的方式，并非一味地叫自己不要难过，而是看看整个过程中，还有哪些很棒的事情发生。

我看到在整个过程中，团队做了很多报表。在这个项目之前，项目好不好都取决于我主写的评价报告，员工则是我的后盾，只能在客户来的时候帮忙接待，以及客户要签约时，陪客户跑银行等。可是在这次的项目里，刚好有同事比较擅长制作文书与PPT，另一位同事则在台北带领团队做后援，而我负责日本这边。在分工合作之下，虽然要处理的事情很多很复杂，但需要付出的时间反而比以前少了。

以前总是我一个人做到三更半夜，这次却是大家一起来。我只要说“给我一份试算表”，第二天就会看到电子表格；如果我来不及修改，大家就会帮忙改。这些都是收获。

以前，我会觉得不放心，总是要自己负责。因为这个大项目，我才发现大家的能力根本超乎我的想象，确实都进步了。感觉我们真的是一个团队在合作，如果这种精神继续发挥下去，未来就可以做得更好。我的天性算是比较乐观的，虽然真正沮丧的时候连门都不想出，什么事都不想做，但我一定会找个方法来平衡自己。

永远都要记得：无论遇到多难的事，天亮了，就会是新的一天。

CHAPTER 04

增值力

帮自己加分，从找到突破点开始

继东京之后，我的房地产事业也扩展到北海道。春天的夜晚有些微凉，我来到台中的薰衣草森林开会，向有兴趣购买北海道别墅的准客户说明相关资料。薰衣草森林的执行长太太一看到我，立刻回忆起10年前的往事："惠萍，我一直没办法忘记你们分享旅行社的行程，真的很难忘啊！记不记得，去溪边吃饭的那次，你还记得你骑脚踏车送水果给我们吃的事吗？"

1 令人难忘的服务，来自找到突破点

为客户创造回忆、制造惊喜，其实真的一点都不难。只要多一点细心，多一分观察，最重要的是设身处地，有同理心，并且永远不要自我设限。

奥入濑溪畔的水果

回到10年前。

奥入濑溪是日本著名的赏枫景点，同时也是生态保护区。正如日本近代诗人大町桂月所言："居必日本，游必十和田湖，行必奥入濑溪三里半。"便可知奥入濑溪的景色风光之美。

不过因为整个腹地只有一间饭店，碰到赏枫旺季更是又贵又难订。一般旅行团出于预算的考量或为了赶行程，通常不会自找麻烦入住奥入濑溪畔，行程中能留段时间走一走就很不错了。但分享旅行社标榜的既然是深度游及私人订制化的行程，向不可能挑战是一定要的。我们一接到客人的需求，就会开始规划行程，因此早早地订好饭店。此外，也要突破传统旅行团蜻蜓点水的操作模式，我特别主打这趟行程除了要到日本东北最值得一探的秘境奥入濑溪赏枫之外，还会入住奥入濑溪饭店，第二天整个上午都是溪畔闲适散步。

一趟散步要走好几千米，要花掉整个上午的时间。一般旅行团卡在停留时间不够，只能走马看花。不过奥入濑溪周围3千米商店全无，也没有可供休息的咖啡厅。我是非常重视细节的人，经过我们细致的安排，让旅客的满意度达到最高点，才是我们行程设计收获的最大满足。

因此，这趟行程我们事先踩点，把整个路线的难易度弄清楚，哪些地方让客人自由行，哪些路段减少客人自行摸索的时间，并且在途中也要让客人能放松心情，放慢脚步，停下来享受当地的美景和果物。

这样的规划除了创意之外，最重要的还需要当地业者的协助。借助翻译，我在事前与饭店商量，希望途中能帮客人送水。“没办法，客人走的是溪边步道，和车行的大马路有段距离，我们不知道客人到底走到哪里了？”饭店说。但旅行团随行的工作人员有限，水果和补给品又很重，无法背在身上陪着客人同行；而大客车也不能开进来，该怎么办呢？踩点后，我们发现人行步道可以骑脚踏车，于是我请饭店将补给品送到途中某个定点，再由我骑着脚踏车逐一送到客人手上。当客人们看着我气喘吁吁地送上新鲜的水果和点心时，大概都觉得好笑，也很难忘记这个老板娘的傻劲吧！

在待客细节上，日本人已经做得够好了，有优美的景点，也有规划良好的步道。但我还想在其中寻找突破点：是否还可以为客人做些什么？是否能进一步让他们觉得贴心，感到惊喜？但是在与日本人合作时，太具有突破性的点子要执行起来是很辛苦的。民族性使然，他们害怕突如其来的方案或挑战。因此和他们沟通前，也要先准备好完整的计划和配套措施，如付费订制特别的服务及说明行程的细节，才能让接下来的工作顺利进行。

专属与特制是决胜的关键

诸如此类的惊喜大挑战，分享旅行社设计过不止一次。参加过分享行程的客人，大概都会记得我们必备的贴心安排。

在一次踩线过程中，我们发现伊豆的泰迪熊博物馆出售生日小熊——一年365天，每天都有不同颜色的小熊与之对应，这是最能凸显私人订制的亮点了。因此只要是分享旅行社出的团，工作人员会事先把客人的生日传给泰迪熊博物馆，再指定将对应的小熊配送至这一团最后一天的住宿地点。客人入住旅馆，确认了分房表之后，马上就由导游和工作人员趁客人去吃晚餐时，将小熊放在客人的床上，并为其盖好棉被。看起来似乎不难，但导游和工作人员必须眼疾手快，并且保证不会放错。

可想而知，在行程最后一天的晚上，当团员回到旅馆，进入房间，掀开棉被，看到一只专属于自己的生日泰迪熊时，会是多么惊喜！

当客人惊叹道：“哇，你知道我的生日！”那种收到独一无二、专属于自己的礼物时的惊喜，是最令我们满足的事。尤其在旅途中，要完成这些惊喜并不容易，一定要做好事前的准备工作。我经营旅行社期间，就是一直在做这样的事情，各种新鲜又特别的“招数”很多。我知道现在也有很多旅行社专门为客人规划特殊行程，接待VIP，但分享旅行社可以说是开风气之先河。

我的想法是只要用心，客人一定能感受得到。而与客人之间的互动及感动，是我从事任何行业都乐此不疲的事。从事不动产生意后，我偶尔也会把旅行社的操作带入其中，有时我会告诉同事，把日本的房产介绍的再详细，还不如带客人在日本吃一顿地道又好吃的料理，更能让他们肯定你的在地化。

我们常有机会带买房的客人在东京品尝美食。大家都知道东京米其林餐厅之难订，因此贴心地帮客人预订餐厅，最后也成了我们的必备服务。但我们也发现，除了顶级美食，很多客人更喜欢我们平常在东京吃的庶民小吃，觉得那样更贴近日常生活。美登利寿司就是我们与客人共同的心头好，不管什么样的客人，只要将他们带到美登利，它的美味和CP值（性能价格比）都能让客人绽放笑容，好感度100%。但最令人头痛的是美登利无论哪家分店都是大排长龙，而且不能订位（现在有些时段已开放网络取号）。而这么多分店里，客人一致认为最棒的就是美登利银座店。

美登利银座店大概是所有店面里排队条件最恶劣的吧？因为它是路面店，无法为等候的客人遮风避雨，尤其在冬天，一排就要排上两三小时，不只客人叫苦连天，我们的工作人员还要在一旁赔笑，更是极大的考验。最后遇到非吃美登利不可时，我会先让同事去排队，然后安排客人逛银座。等差不多可以入座时，再急召客人回来。每当客人进入暖烘烘的店里，吃着鲜美的鲜鱼寿司时，再对比同事在店外被寒风冻得红彤彤的脸颊和双手，你说怎能不肯定、不感动我们提供的服务呢？

再举一个例子。旅行社也有VIP顾客。某知名电影大亨E董是我的客人，他常带朋友一起出游。E董偏向比较高级的路线，我也请长期配合的小林先生负责私人包车。但我不会为了省钱，就把所有行程重任都交给小林先生一人执行，毕竟客人是我的，由我自己来服务当然最有把握。所以我多半都会随行，这种模式不仅在日本，连欧洲我都会如法炮制。

一方面，我非常了解E董的喜好；另一方面，我与小林先生长期合作，也早有默契。我会先把为E董设计的行程和地点，与小林先生做无数次的模拟演练，再一起出行，创造无敌完美的VIP体验。因为我们事前有详细的模拟及讨论，常常能把惊喜安排得细腻而到位。

例如，有一次我们到修善寺“独钴之汤”（位于日本著名的温泉胜地伊豆）泡足汤。传说，此处是由和尚持杖对地敲三下而突然冒出来的温泉，可以治百病。在这个行程中，一定会遇到客人泡完温泉要穿鞋子，但双脚还是湿淋淋的情况。如果能在此时适时递上一条干净的毛巾，客人一定会觉得非常贴心；如果这条毛巾是采用日本特选产品，客人的感受自然又会大不相同。还不只如此，当毛巾一打开，看见毛巾上居然绣着自己的名字，那种被呵护、宠爱的感觉是不是立刻满溢了呢？

毛巾当然不是随便选一条就好。我们事前特意到自由之丘（东京西南部有名的住宅区），找到一家毛巾设计专门店

“Atsuko Matano Gallery”，除了图案可爱之外，该店还提供特别的服务——买毛巾可以免费绣名字。

日积月累搜集到这些情报，一接到E董的委托，我们马上订制毛巾，上面绣好E董和朋友的名字。泡完汤，要擦脚时递上专属的毛巾，等着看E董对同行友人说：“你看，这毛巾上面还有你的名字呢！”VIP满意你的服务，就会随时替你宣传，这胜过我们自己做的任何营销。

这些用来感动顾客的各种元素，无论是送生日小熊、绣着名字的毛巾，还是景点的增值下午茶，要在日本完成这些专属服务，展现出的也是我们对日本文化的熟悉与执行力。贴心设想，再加上中国人的灵活度，一切就能水到渠成。

设身处地，养成“如果是我……”的思考习惯

出版旅游书时，我思考的是“如果是我，希望到什么地方玩？想怎么玩？”

经营旅行社时，我常想：“如果是我，会喜欢什么样的服务

和惊喜？”

无论经营任何事业，我都会把自己当成客户，在房地产业领域也是如此。多年下来，我已经习惯了一开始就这样想：“如果是我，会对这间房子有什么想法？”

任何东西，一定优点和缺点并存，无论销售的房产是大是小。过去，时间比较充裕时，每处房产我都会亲自到现场看过，然后写一份心得报告。本来写报告主要是为了给自己看，后来发现有时候和客户讲太多，客户会忘记细节。于是我想：何不趁此机会，帮客户整理出重点呢？此后，慢慢养成了用我自己的观察写下重点的习惯。

某次，当我正在记录观察重点时，合作的日本同行突然惊呼：“你怎么那么厉害？”我这才知道原来日本人不会在生意上发表个人的评价。

日本人会把公司给的资料，无论是税务规定还是法令条款都整理得相当清楚详尽，条理分明，却绝不会加入自己的想法。但日本人的做法让我想到：中国客户不就是想仰赖我们的判断吗？客户就是因为不懂，才来寻求专业的协助啊！如果自己懂，也就不需要找我们处理了。

有一天，我在给客户张董看我的笔记时，日本业主不断称赞："就是应该这样做！"但说归说，他卖屋也卖了这么多年，却从没这么做过。可见要养成这样的习惯，也不是太容易。

因为写过太多房产报告，连我自己都忘了有哪些资料。直到四五年后，张董要卖屋，我请同事把资料调出来参考，才发现里面有份档案是我写的。再看一次，仍然觉得自己当时真是花尽心思啊，就好像要出手的买主是我自己一样！

2 找到连接，大大增值——DOMO CAFÉ 的获利秘诀

决定要开设咖啡厅，找到中国台湾和日本京都两大烘豆名店Fika Fika与Verdi携手相助，解决了咖啡厅最重要的元素咖啡豆之后，接下来要考虑的就是店内的硬设备及氛围的营造。每件事都环环紧扣，如何相互连接，创造价值，为自己增值，秘诀就在细节之中！

求好心切，预算破表——想增值之前，要先做出价值

我与米力，一直是身处不同领域，但有相同“频道”的密友。虽然不常见面，但当对方需要帮忙时，彼此总是能提供最恰当的资源。

虽然首次涉足咖啡厅的经营，但我很清楚，除了味觉上的满足，咖啡厅的视觉与气氛营造，才是让客人得到满足感的重要推手。此时，米力当然是我最信任的首选设计师了。

此外，因为DOMO CAFÉ是从毛坯屋开始装潢，无论是装修施工许可，还是未来的营业执照申请，都已经超出了我原本擅长的房地产领域。对于民宿房间这部分，是我们十分擅长的偏向软件的家具陈设与布置；但咖啡厅的装潢既有硬件施工，又必须创造风格，那就非得找可以沟通的设计师来帮忙了。

这时，刚好出现了得力资源。我们另一个项目的建筑师佐野健太先生，师承伊东丰雄11年，因为台中歌剧院的工程被派驻台中，在中国台湾有5年的生活经验，对岛内的事物都非常熟悉与热爱。正好，当时他也成立了自己的设计事务所，自然成为我此次委托的不二人选。

越接近完工，我的压力越与日俱增。毕竟DOMO CAFÉ是集团的产品，并不是我个人的投资。但因为所有合作伙伴都了解我的个性与一贯的行事作风，每个人都比我更加求好心切，结果自然是预算不断膨胀。

初期在评估开设咖啡厅时，预估金额来自开业顾问的经验值，开业成本估计约500万元新台币（约合人民币118万元），加上东京的店址是DOMO CAFÉ自有的房产，所以初期寻找店面的开业成本应能省下来。但在接近完工时，费用已经达到当初预估的两倍了。即使一开始提列预算时，依据我过去做事的经验，我已经把顾问的预估成本增加了25%再提报，并且也通过了，但最后面临的仍是大幅超标的结果。

幸好我有彼此信任的股东伙伴，虽然在会议里，总是不留情面地检视，并提出修正，但他们对于整体规划的方向从未改变或放弃，仍给我最大的支持。

当然，并不是鼓励大家做事都要超出预算才能做好。而是经过合理的风险评估，确认整体花费仍在自己的能力范围内之后，就不妨“超额”思考如何创造最高的水平与价值，如此在未来也就有了更多增值的可能性。

顺应数码潮流，为客人着想就是为自己增值

在中国，向朋友借充电器是很平常的事；但在日本人眼中，“借充电器用一下”是很失礼的事。朋友间的往来是如此，店家也是一样。即使餐厅里有插座，很多店家也会拒绝出借，甚至还会奇怪你为什么来借啊？这与中式思维非常不同。

发现这一点后，我认为在这点上，我们中式思维优于日式思维。于是我告诉设计师，现在大家总是手机不离身，让客人感受到方便是非常重要的。所以我希望我们的咖啡厅能让客户充电。刚好设计师也很年轻，乐于尝试新的点子，就特别把插座设置在桌子底下，这也成了一种特殊的设计。

DOMO CAFÉ提供免费Wi-Fi，因此我想把Wi-Fi的标志放在推门的把手上。此时设计师就反对了，他觉得那个标志不好看，也不懂为什么要特别标示出来。“日本没有那么多店家会提供Wi-Fi啊，除了麦当劳，很多咖啡厅和店家都没有Wi-Fi。”

在日本，店家多半觉得“进咖啡厅用我的Wi-Fi”是件很奇怪的事。当然，随着3C潮流，店家也慢慢地开始增加相关服务，但这么做的店家还是少数。这更让我觉得应该标榜我们提供这项服

务，将附设Wi-Fi变成一个优点。咖啡厅本来就是用于消磨时间的，当然要给使用者提供方便。而我自己也会通过这类服务来观察经营者有没有用心。

我很少住青年旅馆，但一住到贴心的旅馆，就很想给它点赞。例如，一进门就能看到适当的地方有灯和插座，随手就可以摸得到的方便设备，还提供充电器、特别规划的行李箱放置区等，这些功能都是我很在意的元素。

年轻人喜欢躺下来玩手机，那就需要读书灯，旁边可能还要准备一个可以撑头的豆腐砖，枕边再设计一个USB插座，位置就在伸手可以摸到的地方……这些设置对我来说都是加分项。

所以我希望自己的店也能如此贴心，店里的气氛和设计都让人觉得易于亲近，再加上中国元素的注入，如大方待客等，让民宿与咖啡厅都能因为这些与众不同的服务，增加客人的好感度。

不忘初衷，创造新体验带来更多连接

在创建DOMO CAFÉ的整个过程里，我也不断地考察中国台湾和日本两地的咖啡馆与民宿，深深体会到，光靠出售咖啡想让DOMO CAFÉ盈利，坦白说是有困难的。我在这种压力下，苦思脱困之道。此时我想到的是一定要更加强化当初设计的动机——连接。

一方面，加强DOMO民宿的服务，如提供早餐或让住客有个交流的空间；此外，我也看到“在日居住的中国台湾人”这个族群不断地扩大，因此请营销部朝着“台湾人在东京生活”这个方向来规划。例如，我在脸书社群上看到很多嫁到日本的中国台湾太太，因为日本传统文化的原因，几乎都留在家里当全职家庭主妇了。但她们也需要生活或精神层面的支持，经常看到她们在脸书上留言，希望寻找台湾太太交朋友。因此我希望营销部能策划一个“台湾太太日”。大家除了一起喝杯咖啡，交换一些信息、吐吐苦水之外，也能有些正面的学习（如烹饪课或座谈）。

我希望这个空间，能让更多的两地族群发现彼此的美好。中国台湾旅客本来就十分喜欢日本，尤其喜爱东京；在DOMO民宿的客层里，来自中国台湾的旅客几乎占了大半。除了提供住宿，我更想提升DOMO作为当地旅游行家的背景，也就是选择这里并非只是为了住宿而来，而是DOMO能提供更多不同的玩法，让旅客进一步认识东京。

某次在京都鸭川的野餐体验，带给我无限美好的画面与记忆，让我想到东京也有很多很棒的公园适合野餐，而且因应季节，每个公园都有不同的主题。譬如，新宿御苑赏樱、昭和纪念公园的银杏或代代木公园随时都有的市集。如果我们能提供住宿东京的野餐地图及玩法建议，再由DOMO CAFÉ来制作野餐篮，就能让许多旅客认识更地道的东京。

另一方面，我觉得DOMO CAFÉ的初始设定，不只是让人进来喝杯咖啡这么简单。这个空间希望让两地的民众对彼此能有更多认识及了解，所以DOMO CAFÉ的经营不该只局限在这21坪（约合69.42平方米）的空间里。我们有了续木老师和James这么强的专业资源，相对的，我们也要帮助大家认识他们。

我想让DOMO CAFÉ更积极地参与两地的咖啡文化交流。店还没有开幕，我们就报名参加于2017年7月底在台北举办的咖啡节，并邀请续木老师到台北站台。没想到James马上举旗呼应，愿意出席活动，到现场和续木老师一起煮咖啡！有了James的加持，我相信有更多机会，能让中国台湾人也认识续木老师制作的这么棒的咖啡！同样，在日本也有大大小小众多咖啡活动。这几年中国台湾的咖啡店也很积极地来日本参展。我们既然在东京享有地利之便，怎么可以不让日本人认识一下中国台湾Fika Fika的厉害呢？当然要参加！

以咖啡厅的经营来说，我是个咖啡素人，甚至连一杯咖啡都煮不好。我只知道，既然决定要做了，也知道自己为何而做，那就一步一个脚印，去落实自己的动机及出发点。

在圆梦的过程中，我认为对所有曾经帮助我的人，付出金钱或怀抱感恩之心是必然的。最重要的是自己要认识到各方专业的珍贵与价值，自己要比这些提供专业的人更努力，尽全力经营好自己的店，才能让更多的人看到专业职人的心血！这，才是真心诚意的感谢。

从两年才能打平到9个月黄金交叉，DOMO CAFÉ加速增值的秘诀

之前我曾提到开咖啡厅的原因是为了提升民宿的服务，并且为住客提供交流的地方。但从我萌生开咖啡厅的念头，直到动

工、开幕，在股东会上最常被股东质疑的，就是这个问题——“我觉得很难赚钱！”

在决定开咖啡厅之前，我也参考了创投公司的意见。风险投资人员告诉我：“开咖啡厅的投资成本并不是最应该在意的成本，最应当在意的是每个月都有支出。初期投资的装潢和设备可以分期摊提，但若入不敷出，就等于每个月都在损耗薪水和各项营业成本。”

算一算，光是每月薪资大概就要60万日元（约合人民币3.97万元）。因此，如果预设两年打平，那么每月营业额100万日元（约合人民币6.61万元）就是我起初的理想目标。

开幕第一天，营业额2万多日元，当时还觉得合乎预期，是个不错的数字。

“惠萍，我跟你说，我算过，每天应该要5万日元（约合人民币3305元）才够！”一位自始至终总爱打击我的股东说。

5万！我才开幕5天好吗？给我设定的什么烂目标？根本是为了打击我吧！

“不如由民宿来采购咖啡厅的早餐吧。”股东建议。

股东的建议很不错，偏偏当时因为人手不够，员工们都非常反对做早餐。此时我的任性及霸道就展现出来了，独排众议，告诉员工们一定要做早餐，因为我背负着业绩压力，不能让股东看不起（“看不起”这3个字根本就是我的死穴啊），更何况人家都把订单送到门口了，不可能不做！

不久后，业绩马上飙升到每天5万日元，我总是很容易就满心欢喜。看！达到目标了。这时，股东又说：“5万日元其实还是赔本，加上摊提，其实要7万日元（约合人民币4627元）才够！”

“7万？有你的！现在当咖啡厅是许愿池还是聚宝盆，对着我喊就能有是吧？”我超不爽地嘀咕着，根本是强人所难，在股东会上让我难堪。

好，你敢说数字，我也跟你拼了，就想看看如果做到每天7万日元，说话的人又是怎样的嘴脸。静下心来想想，要把营业额做上来只有两个途径：不是开源，就是节流。

我发现只卖咖啡还不够，我们的定位虽然是精品咖啡，但初期设定店内售价时，我是以外资系的蓝瓶咖啡为标准，一杯咖啡450日元（约合人民币30元）。凭借不高的单价，一位客人走进来最多只消费一杯咖啡，就算现在已经要排队了，但业绩始终很难突破7万日元。在日本开店的好处是翻桌率不低，进门的顾客不会像美国等地，点一杯咖啡就要把整间咖啡厅当图书馆或办公室。日本顾客通常只喝一杯咖啡，拍拍照、打打卡，顶多和朋友聊聊天，不会超过一小时。只是店里的选择不够丰富，甜点只有肉桂苹果吐司和红豆吐司这些比较传统的点心，年轻人较少吃这些，也不会想拿来打卡。

我认为，要提高营业额，只有从甜点着手。但问题是厨房很小，光做咖啡和吐司就已经很难转身了。本来我还不信邪，想装个小型冷藏柜，再和厂商进蛋糕来卖，可是店内根本连小雪柜都放不下，只好放弃。最后以常温点心，如玛德莲、饼干和磅蛋糕等为主。客人本来只消费一杯450日元的咖啡，如果能加个甜点，就是980日元（约合人民币65元）。

为了增加打卡效应，我还邀请中国台湾果酱女王柯亚跨海助阵，请她帮我们设计“台湾香”甜点系列，推出了芒果慕斯和马告玛德莲，反响很好，营业额也随之一路上扬。

除了开源，我也开始缩减开销。其中，以人员训练成本最高（最高峰时会让当月薪资多支出30%）。我减少了员工数量，有些则遇缺不补。咖啡厅开幕后，一直都没有缺人，很多留学生喜欢在咖啡厅打工，而且流动率很低。

此外，我缩短了营业时间，周一到周四晚上8点就打烊，周五到周日仍营业到晚上10点。第一个月，从会计报表上看到薪资马上降低60%，接下来每个月继续降低10%，盈余就上来了。平日营业额每天5万日元已经成了常态，到了周末就能达到9万~10万日元（合人民币5949~6610元），甚至还曾看到“12万日元”（约合人民币7932元）这样令人惊喜的数字！

不得不说，会这么快爆红都是靠社交网络SNS营销。尤其是IG打卡，有80%的年轻人到店里，就是为了点IG上的热门饮料，然后打卡拍照。员工开玩笑地说，连店里一株孤独的仙人掌都有人在打卡，楼梯也好像藏着什么秘密一样；连收银机旁的粉红、湖水绿杯子放在一起，都能变成打卡重点。

察觉到打卡的重要性，我认为应该好好利用店外10多米长的清水模①墙面，将其设计成打卡墙，同时再次强化中日文化交流的主轴，因此我们选定在中国台湾和日本两地都人气满满的插画家马来貘合作。

---

① 建筑名词，是指清水混凝土灌浆凝固拆模后，不再加以任何修饰，完全以混凝土的质感作为建筑表现素材。

幸运的是，当时马来貘正打算开拓日本市场，之前他就已经与西武电铁合作，设计了一列马来貘电车。经纪人希望能让更多日本人看到马来貘的作品，而我的咖啡厅坐落在新宿，墙面长达10多米，喜欢他的粉丝可以来朝圣画作，也有一个长期的展示空间；特别是马来貘本人也对这个计划很有兴趣，于是一拍即合。

马来貘打卡墙，的确创造了不少回流客。每次我在一楼的发廊洗头时，都能听到地下一层的咖啡厅里总是嘻嘻哈哈笑成一片。发廊老板笑着对我说，因为咖啡厅成了打卡圣地，所以大家玩得都很开心。这些来打卡的年轻客人个个充满创意，创造出各种拍照姿势，更加吸引朋友们前来朝圣。

开源、节流、网红、打卡……就这样，原本需要两年才能打平的DOMO CAFÉ，在第9个月就迎来了黄金交叉，真是太开心了！

3 随时发挥增值力，创意无限

人生的转折让我走进日本房地产这个聚宝盆，也教我学会增值的方法。大大打破了我过去在投资理财方面的框架，让我在财务上更自由。对待工作，甚至每件事的态度都应如此：框架，或许永远都在；但你的视野，永远不必受限！

有钱人为什么越来越有钱

我的工作是跨海投资不动产，因此我接触的客户确实有很多是大家公认的有钱人。

在这些客户的引领下，让我看见了另一个世界，我也努力学着了解他们的思维及行事风格。

在我的客户里，不乏含着金汤匙出生的富二代，但更多的是白手起家的中小企业主。我或许来不及参与他们兢兢业业、全力拼搏的开创过程，但我能看到他们如何守成，将财富展延至下一代的做法。

有钱人最关注的是一直不断地创造被动式收入！年轻时耗费心力和体力工作，随着年纪渐长，这些有钱人多半会感叹时不我予，不想再回到那种要钱不要命的日子，更注重养生，并且运用经验及智慧来投资。

越是大户的客人，就有更多、更好的渠道及机会可以赚钱。以银行的态度来说吧，一般人进银行结个汇，除了汇率，一般还要再收手续费；财富层次再往上点，有些银行为了吸引卓越客户——号称存款超过300万就是“premier（最重要的）客户”，提供优惠汇率及手续费减免等措施；再高级一点，进入私人银行的层级（分岛内私人银行和国际级的私人银行），不要说那些汇率与汇费的小儿科了，它们所能提供的金融商品，都是一般消费者无法接触的。

基金、债券、远汇、双元货币投资（DCI）、保险、国际股票……还有一大堆财富讲座，节税、海外资金汇入汇出、遗产税、共同申报准则（CRS），不断地为这些有钱人铺路。而真正的有钱人也会很用功、很认真地通过这些渠道用心吸收，让自己的财富越滚越大。

买房收租是最直接的被动收入。以我的某客户为例，他们在全球有2.6万名员工，先生努力守工厂、拼生意，太太就在全球（如纽约、上海、伦敦和东京等地）布局买房地产。他们买的都是地标建筑，光是东京的一栋价值10亿日元（约合人民币6610万元）的房产，投资回报率达5%，一年就有5000万日元（约合人民币330万元）的被动收入。

银行也最喜欢与有钱人打交道。一般人进银行申请贷款，签一大堆文件，提供一大堆保证，利息也没有特别的优惠。而对这些有钱人，却是银行捧着一堆计划提案前来，利息更是一家低过一家，只要客户提出别家怎么给，他们就有办法降至竞争银行的水平。只唯恐你不贷，越贷才是越高级的VIP。

逢年过节，我们这些只会存死钱的客户没人理；借得越多的大老板，则有无所不用其极的高端订制礼品送到眼前，只为争取他们来借钱。

这是我见到的有钱人的世界。只能说，钱真的是给有钱人赚的，有钱人似乎容易更有钱。这是否代表了一般人就没有机会了呢？

你做的任何事，都有延伸的价值

看到有钱人的游戏规则后，我立刻想到：那没钱的人怎么办？没含着金汤匙出生的孩子该怎么办？很快，上天就给了我答案。

开车技术很好的S先生是我的远亲，刚毕业就成为我日本公司的司机。一段时间之后，他说要离职，因为“开车实在太无聊了”。

“每天把客人载过来载过去，的确很无聊。”如果你也这样想，就错过了让自己增值的大好机会。

我的另一位合作司机是来自中国大陆的小谢，同样也是开车当司机，他就完全不觉得无聊。

“这些客人都是财富金字塔中上阶层的人，常常聊一些投资理财或商场上的事。如果旅程久一点，大家比较熟了，和这些有钱人在一起，还可以向他们请教一些事情，听听他们的想法是什么。”小谢说，开车当然也会累，但一想到可以从中了解有钱人的致富及成功之道，多少可以学一点。

讲得比较“玄”一点，是你要去沾染那个“气”和“磁场”；但更正确的说法是，只要你在旁边有心学习，时间久了，自然耳濡目染。有一天，你就会知道：啊，原来汇率是这么回事，商业模式是这样的！

回到S先生。他进入公司之后，我也观察了他好一阵子。载客出行时，客人下车了，他就在车上滑手机；周六日放假绝不出门，宅在家里玩游戏，生活就是打电动和开车。

当他开口说要离职时，我也清楚地点了他几句：“来日本开车，如果你把自己当司机，那你就只是个司机。如果你清楚会坐上这辆车的人都是什么样的人，懂得利用这辆车，那你就不会永远当个司机。这辆车，最容易载到有钱人。是否应该关注那些有钱人在想什么？人家为什么会有钱？他们的逻辑和想法一定与我们不一样。你开着这辆车，常常载我去看房产、看土地，是否想过陪我一起下车，问问我为什么买了这块地，而不买那块？为什么卖了这栋，而那栋却卖不掉？”

司机载客时，我通常都会随行，也会在车上和客人聊天。无论是投资观，还是汇率，什么都能聊。看土地时，如果S先生跟随相伴，肯定也能学到一些事情。

你的世界和心志有多大，决定了你能看到什么。有钱人的车窗和我们的车窗不一样，看到的风景自然也不一样！

蹲下来，可以跳得更高

我曾经与一位在外国名校读研究所的富二代聊天，问到他的学费和生活费时，他说：“从小我就觉得应该去美国念书。时间到了，爸妈就帮我安排。钱？我没想过，就这样汇到我账户里啊！”

对于富二代来说，这是再自然不过的事。那没有钱的人该怎么办呢？

我的答案是先立大志，努力达标！

就算爸妈没安排，还是可以自己来。前提是你是否知道“蹲下来，可以跳得更高”这个道理。

F先生刚毕业，就进入最时兴的电商工作。

“很棒啊！”当我称赞他时，他开口了：“惠萍姐，我的老板一个月能领10多万，所以我想要换个薪水更高的工作。”

听到F先生的话，我立刻说出我的想法：“老板看到你短时间内就换工作，心中通常会思考，这个年轻人或许能力很强，但可能没有恒心。而且你是真的觉得自己已经够好了，还是看到别人的薪水高就想跳槽呢？”

如果还在学习的过程中，我建议暂时不要太计较薪水。上班是一种学习，能学到东西，就像去补习班上课而且不用交学费一样，所以不要“只”问薪水。

马云说过一段话，我颇有同感。他提到，30岁以前，要挑一家中小型公司工作，而并非大公司。原因是大公司已经定型了，通常一个萝卜一个坑；而小公司只有三四个人，要学会做很多事，也可以学习老板的判断。学到本事之后，在三四十岁这个阶段，就可以创业，去追求你的理想。

很多人只贪图薪资可以从3万跳3.5万，从3.5万跳4万，从4万跳5万……但却忽略了在这个过程中是否扎扎实实地学到了东西。

虽然年轻人没有钱，但暂且不要把钱看得太重了，够生活就好。选择工作的关键在于能否学到东西，不要一直转换。请慎重地选择工作，离开也请慎重地选择离开，不要因为不喜欢了、和别人吵架了、对主管不满意了、与同事不合……这些都没办法累积你的经验。

我想到，日本人喜欢进大公司，一直做同样的事情，可以把一件事情做得很好，但其他事情都不会做（连寄快递也不会）。如果在人少的公司，就需要什么都会做。一旦将来创业，有想法也懂得怎样做，比较能经得起挫折。

那么，50岁之后要干什么呢?

我的想法是做你擅长的事，不要再去创业了。时间有限，你不该再去承受风险。此时你可以去当顾问，用你的专业经验协调运作。

■■■

我儿子很喜欢音乐，有一年暑假，他到日本学习3个月的日语，规划早上学日语，其他时间打工。爱好吉他的他想去乐器行打工，很积极地问乐器行老板是否缺人？老板发现他不会日语，就拒绝了。

“我们百人町前面的巷口，也有一家规模不小的乐器行，你要不要去问问看？你可以告诉老板，你妈妈就在隔壁盖房子（日本人或许比较愿意相信邻居）。”

儿子听了似乎有点想去的意愿，我继续说：“你可以毛遂自荐，如果担心不会日语，沟通不便，就请公司的助理陪你去。你告诉老板，你可以不要钱，只是想来学习。”

接下来的剧情却急转直下。

“为什么要告诉老板我不拿钱？”

“刚开始你没有经验，别太多要求，能有机会学习是最好的。钱在这个阶段，真的不是唯一重要的事。”

“不行，工作了就要拿钱。”

这个下午，我们两人一直在交流彼此的想法。年轻人往往不知道，有时老板教给你的，其实比你能付出的多很多。

我相信，提前看到工作内容中有助于自己“学习”的各项优势，并且好好把握，你将比别人更有机会让人生更快增值——无论是实质薪资，还是人生的其他方面。

青年们，要有大志啊

2017年，我经手开发的公司项目新大久保Patio落成，一楼刚好有两个店面空着。其中一间，我与一位来自台湾的年轻人合作健身事业，交给年轻人管理；另一间则租给了首次创业的大陆青年阿满。

阿满来自内蒙古自治区，认识阿满之前，我觉得内蒙古对我来说真是好遥远的地方啊（我的地理学得不太好）。而我这个房东姐姐，也是阿满生平认识的第一位台湾人。秉持照顾年轻人的原则，并且知道他是首次创业，我当然会经常光顾阿满的美容院洗头。聊着聊着，慢慢地也交了心。

阿满总是喜欢和我聊数字：“姐，你知道我到现在开业几个月了吗？你知道我是几号跟你拿钥匙的吗？我花了多少天和朋友赶着搬家具装潢、几号开业……姐，你知道我第一个月的营业额是多少吗？我上个月破百了，这个月又比上个月好……”

就在他的一路报喜中，我投资的健身事业却纷纷扰扰，不得平静。人事、休假、业绩，什么都是问题。每天，我们这栋楼里总是看到阿满最早来开门，最晚关灯；隔壁却常常大门深锁，有一搭没一搭地开着。预约制或公休制，总有讨论不完的问题与不平。

我只知道阿满是赌上了身家。他向朋友借了钱，付了含中介、礼金、押金和租金在内大概200万元新台币（约合人民币47.28万元）的开业成本，远在内蒙古的老婆和孩子都指望着他寄钱回去。未来，他计划着要开第二家、第三家，甚至希望回大连去搞美发学校，引进日本的资源。然而来自台湾的青年，还在因为谁说了哪句话让我不开心、谁的哪个举动让我不爽，而让一个前程大好的事业就此停摆，不到6个月就吹起“熄灯”号。这是我第一个“投钱不投人”的投资，也让我深刻领悟到，原来有些年轻人的想法和我真的不一样。如果不是他想要的、不是他喜欢的人，那就不会有动力。喜欢一份工作对我来说很重要，但喜不喜欢一个人是否有那么重要？坦白说，我自己没有办法认同。我从不以民族、地域或身份背景去论断他人，相反，我非常愿意给年轻人机会。

身边很多人经常提醒我，别人接近我可能另有目的，只是想利用我。但只要不涉及人身安全，其实有资源、能被利用，也会让我很有存在感啊，这表示我的经验是有参考价值的。并且我对创业总是抱有高度的兴趣与热情，常与年轻人讨论，在不伤大雅的情况下一起投资，是我极为乐意的事。为别人打开一扇门，也是为自己开一扇窗。

年轻时，我的每笔投资都是围绕着“钱”来考虑。过了50岁之后，我却看到了投资的更多用途。咖啡厅开拓了我对咖啡经营事业的眼界，让我认识了很多咖啡界和文学艺术界的朋友；到海外旅游，也多了一个可以考察的项目，真的非常有趣。再说，能让DOMO CAFÉ获得多方面的认同，也为自己增加了光环，这些哪里是一个“钱”字所能说尽或代替的呢？

过去旅行时，我曾到北海道大学游览，看到北海道大学克拉克博士铜像前的精神标语：“青年们，要有大志啊！（Boys，be ambitious）”坦白说，我当时并没有太多感触，只当成旅游资料来消化。但不知道为什么，过了50岁之后，我竟然对这句话特别有感触。只想说，现在的年轻人（boys & girls），多点大志，少点心眼儿吧！凡事多往远处看，不要尽往小处钻，真的会看到不一样的风景。

4 助人增值，自己也增值

年轻时，我总是喜欢自己来，因为自己有很多想法，而且认为自己最棒。我想做旅行社、我想卖房子、我想做这个、我想做那个……我总认为自己是万能的，只要给我机会就可以。

年轻时，总想凡事自己来；50岁之后，我的心态开始有所转变。我认识到，一个人的能力有限，总会有一些事是我自己做得不够好、我做不到或别人可以做得比我更好。

换个角度想，如果别人可以帮我做到，我为什么不去帮他的忙？在别人眼中，或许是我出资出力帮助对方，其实是对方在帮我。

互相帮忙，增值力量大

还记得前面提到的那位开车的谢先生吗？

在一次活动中，他提到想开一家租车公司，专做“绿牌车”（营业用车）。

我说：“以前我针对绿牌车做过研究，日本规定运输公司要有整备士（高级汽车技师），才能开绿牌车公司。”

“惠萍姐您放心，我什么都有，就差资金。”谢先生回答。

过去，我只知道谢先生特别喜欢交通工具，从小就深受各种交通工具的吸引。我没料到的是他不但会开小车和大车，连游艇驾驶执照都拿了。

我对运输行业的想法是正面的，但一来我不能开车，也不会管理司机，更不知道要去哪里找整备士（高级汽车技师）。而谢先生则什么都准备好了，只缺钱。

“你需要多少？”

“5000万日元（约合人民币330万元）。”

等一等，为什么需要这么多资金？

谢先生娓娓道来。开设绿牌车公司，车型有两种选项：一种是“海狮”车型，9人座的3台；另一种是“阿鲁发”车型，7人座的8台。“阿鲁发”一台400多万，8台就要3000多万，再加上其他费用，5000万日元跑不掉。

“如果已经有3台‘海狮’，一定还要买‘阿鲁发’吗？”我立刻追问。

“也可以只选一种车型，但必须考虑到可能的载客规模。”他秒答。

在一来一往的对话中，我看到了谢先生的与众不同。他非常有规划，并且清楚地知道自己在做什么。

我在日本接触过很多司机，不少司机不喜欢与客人互动，巴不得乘客赶快下车，他好能在车上睡觉补眠或在停车场里玩手机。但谢先生不同。我们去景点时，他会下车陪在我们旁边，与我们聊天互动，感觉更想把我们当成朋友相处。他的生活也很有条理。到达旅馆后，只要时间许可，他会趁傍晚或一大早，在旅馆附近跑步运动。因为他认为体能很重要，健康也很重要。

33岁的他，对工作已有未来的规划，只缺启动资金。而我深切地了解，人才是最重要的资源，我们公司最缺的是人才，不缺的是钱。在投资不大的情况下，可以考虑帮他；也可以将来公司办的体验游，都请他来配合。有他这样负责的司机长期配合，又非常熟悉我们公司的行程安排，以后就不用另外多请一个人做导游了。

坦白说，这些年在日本，想找我投资的人不算少。为什么谢先生这个人能让我慎重考虑？有句老话说："机会总是留给有准备的人。"

谢先生的确准备好了，问他任何问题，他都可以给出想法及观点，值得帮他一把；而他成为我们公司的伙伴之后，对公司的业务也有一定的帮助。

这种能互相帮忙、相互增值的感觉，真好！

投资会增值的人

2017年，为了拍摄DOMO民宿的微电影，我们邀请世界花式调酒冠军邹斯杰（Angus）到东京合作拍摄，主题是“一个调酒师眼中的东京”。

既然来到东京，Angus也通知了调酒界的同侪，如果时间允许，就顺道过去客座。没想到这个“顺道”的结果是许多人冲着他的名号而来，现场气氛很热烈，连滴酒不沾的我都感染了酒吧的欢乐气氛。无论如何，Angus已经在我的脑海中留下了非常深刻的印象。

■■■

我不久后得知，Angus在台北延吉街新创了自己的事业“Draft Land”。我当然要再去会会这位调酒技术好，人又长得帅，号称“延吉街真田广之”的调酒冠军了。

既然Angus是花式调酒冠军，他要开酒吧，应该是想让客人可以在店里看见自己很炫的调酒技法吧？

不不不！Draft Land完全颠覆了我对于酒吧以往的既有印象。Angus想要打破过去酒吧或花式鸡尾酒的藩篱，让不敢去酒吧或不懂调酒的人也能轻松地一登殿堂。Draft Land以“喝一杯再走吧”为概念，让喝酒不必有太多理由，也没有太多负担，等人、谈事情，先喝一杯热热身！小小的店面有18个酒栓，都是Angus的独创配方，每杯酒都有不同的想法和味道。今天的心情适合喝哪一杯呢？你试探着酒保，酒保也试探着你的心。

“你的花式调酒这么厉害，创业卖的却不是最强的手法，反而是最没门槛的配方，只要雇用工读生就可以帮忙卖酒，为什么呢？”我超级好奇这个年轻人是怎么想的。

“这就是我想要的。我希望拉近人们对调酒的距离，不再觉得调酒比较贵，我想把鸡尾酒变成一种日常饮料，价位设定在很亲民的200元新台币（约合人民币47元）上下。未来我想做的是成立一支研发团队，专门研究各种鸡尾酒配方；也会因应不同的季节和节日推出特色调酒与活动。”

Angus的店有8坪（约合26.45平方米）大小，每天都高朋满座，甚至红火到连出租车都来排班了。

我相信这样的他，会想出这样的经营方式，是经过无数次的观察所推演出来的。对我来说，Angus本身就是品牌。投资他，不只是投资新概念，也等于是投资一个不断自我增值的品牌。

拥抱新概念，让未来增值

缘分就是如此巧妙，就在我认为Angus是个值得投资的人才时，他刚好也想在东京开店。

咦？从运输公司到鸡尾酒吧，我的创业范围实在太宽泛了吧？

Angus会来找我，我认为主因不是钱（事实上，有很多金主等着投资他）。我想，他之所以会来找我，除了因为我们有共同的朋友，也在于他觉得我是比较直爽的人，又有点“文青”气息，理念上可以契合；并且他想在东京开店，当然希望合作伙伴是熟悉东京的人，当地的资源很重要。

很快，我就直接谈到股份的比例问题，这下轮到Angus惊讶了！

“惠萍姐，您不用再进一步了解吗？”

■■■

回台北时，我只是随口问问年轻朋友：“你知道Draft Land吗？”立刻就得到这样的答案：“超红的啊，我的同事一天到晚都在说。”

现在的年轻人下班后喜欢去喝一杯就走，而不像以前喝鸡尾酒时，一直待在酒吧里聊天，这和我们过去的生活形态很不一样。那日本的年轻人吃不吃这一套呢？我想，不吃的可能性当然也有，但吃的概率比较高。先不论地区，最近在日本站着喝、站着吃都很红。东京流行的热门酒吧，天冷时大家一样站着喝，从下午开始就会有顾客上门。

至于商圈和客层，我就不太敢确定了。或许这样的店适合开在上班族较多的地方，如赤坂和新桥（位于东京都港区），可能大家下班喝一杯之后，再各自去搭电车。也许我们一直所在的主场东京新宿大久保也不错。想起当初要开DOMO CAFÉ时，所有专家和顾问都说这里不是日本人会来喝咖啡的地方，事实却大相径庭。

有一种情况是“商圈造店”，如到了中目黑（位于东京目黑区），周围全都是时尚创意店；另一种情况则是“店造商圈”，如台北复兴南路有家型男咖啡店“Rufous”，老板是位帅哥，很会煮咖啡，起初店旁全都是行道树，五六年之后附近一圈都是咖啡店了。

重点就在于生活形态和消费力。

我这个年纪不会逛调酒吧了，但就像26岁的年轻员工告诉我的，他们下班后会去喝一杯，喝完就走。

我不觉得这个概念到东京“一定会成功”或“一定会失败”。当我觉得摇摆、有风险时，我会回过头考虑现实层面的问题：投资额是多少？我赔不赔得起？如果用500万元买一个商机，可不可以？

很多时候，投资只是投资“某个人”。我占股的49%，投的是Angus这个人。就像很多人和我做生意时，看重的就是“廖惠萍”这个人：她应该会认真吧？她应该有创意吧？她应该很有说服力和感染力吧？

很多事情都是因为“人”才成功。同样是咖啡厅，你做不好，他做就好，主事者非常重要。

所以我对Angus说，我投资这49%，就是因为他这个人。同样，合作就是要能帮对方使得上力。Angus对我的期待，就是我能运用日本当地的资源。因为他不了解日本，也不懂当地的法令规章，所以找店址及招募等前期所有的筹备活动，都需要一家当地公司协助。

50岁之后的世界，我懂；但与年轻一代有关的新概念事业，则交给有想法、有创意、有规划的年轻人来做，似乎会更好。投资年轻人，就是投资一个新的未来、新的希望。

无论是与谁合作，我始终认为，合作就是要让对方也得到应有的回报，出钱与出技术的人，一样重要。

不拿不义之财，是做事的基础

我生长在一个外省家庭，家中有5个孩子。在那个讨生活不容易的年代，我们根本无法得到很好的栽培，家里对理财的观念更是薄弱，应该说，根本就是无财可理。

我的父母受教育程度都不高，幸而母亲一直灌输给我们“读书很重要”的观念。从小，只要考试好、成绩好，就可以少做家务，甚至不做家务。因此我从小就知道，只要功课好，就有不做家务的权利，也就更愿意付出心力，把书读好。

父亲从来没有教过我们做人处事之道或树立任何家规门风，我唯一继承他的就是一点小聪明及好口才。从初中到大学，我一路走来都是在校生、毕业生的致辞代表，参加的社团也只有一种——辩论社。我知道我比别人更容易厘清重点，说话条理清晰，很容易让人理解。所以我非常喜欢“靠嘴巴”的工作，通过我的解释和说明，总是能让人很容易心领神会。

刚进入社会工作时，通过这种小聪明，再加上说话的技巧，我很容易就在公司里崭露头角。掌握利益分配的位子坐久了，当然就会出现笼络或贿赂的情形。我说的笼络或贿赂，倒不是直接拿钱，而是总有一些刚出道的唱片宣传会送点小礼物或给你一些特别的优惠。我们因此而有了人情压力，得塞一些自己的人情通告在节目里。

记得有次开会时，我的老板讲了一个小故事，这个小故事却成了我终生奉行不渝的大道理。

他说："在一家公司里，有两个工作能力很强的人。某大公司因为工作的需要，拿钱来贿赂，A收了钱，B则没有。配合的次数多了，慢慢地，A当然觉得他和这家公司的交情特别好了。有一天，这家大公司缺人，待遇非常丰厚，A和B都想争取。猜猜看，这家公司会选谁呢？"

不知道为什么，这个故事蕴含的道理听来很简单，于我却是意义非凡的警钟。从此我理解了：不要因为一时所处的位子就自我膨胀，真正能让你被看重及出线的是你的能力，这才是真正的价值！绝对不能拿不义之财，而要充分增强自己的能力，创造自己在职场上的真正价值。

当时，说这个小故事给小咖听的人是位大人物——人称"黄桑"的台湾综艺教父黄义雄。我想只要在台湾传播界待过的人，没有人不知道"黄桑"的地位。

他的一席话对我这种初入社会的菜鸟，有着醍醐灌顶的力量。至今，我仍然奉行不渝。

CHAPTER 05

触觉力

每次转型都成功的敏锐度，这样培养

同样是旅游，大部分人只在意好不好玩，但我却更注重观察当地特殊的商业模式。如果在网上购物被骗了，除了生气，我还会进一步思考如何利用网络的商业模式来做生意。看到一件事的可能性，再把它转化为商机，这就是触觉力。在日本做房地产生意，若只用中式思维思考，注定会失败。唯有善用触觉力，多看多听，多想多做，时刻保持最敏锐的觉察力，最终才能赢得日本人的信任。

1 随时随地伸出触角

经常听到年轻人说“我很喜欢打游戏”“我很喜欢网络购物”“我喜欢这个”“我最爱那个”……如果能从自己的兴趣中找到可能性，再把它发展成商机，是不是会很棒呢？

首先，你要喜欢赚钱

从旅行社到日本房地产，再到民宿、咖啡厅，我最常被问及：“你究竟是如何发现这些商机的？”

无论走到哪里，无论看到什么，我都会立刻想一想：这东西要怎么赚钱？要如何发展商业模式？

或许有人要问：那关于做生意的嗅觉又是怎么培养出来的？

其实没有秘诀，只要多伸出你的触角，多看看别人的商业模式，同时思考：“如果是我，我会怎么做呢？”久了，就可以找到属于自己的独特思考脉络。

■■■

有一天，寒流来袭，我在网上买了一张售价2000元新台币（约合人民币474元）的电热毯，晚上使用时才发现电压根本不符，无法正常使用。接下来，我开始向厂商追查，在追查的过程中，我发现了两件事：

第一，最近在网上买东西，货到付款可能是陷阱，出问题时可能根本找不到卖家。

第二，同样的电热毯，在大陆售价约142元人民币（约合新台币600元），但经过包装，照片拍得美美的，然后放在网上投放广告，在台湾就算将售价提高3倍也有人买。

想到这里，我又开始思考，如何将这件事化为商机？有了！

盯着屏幕上的运动内衣，我发现台湾有很棒的自制运动内衣，如果找来模特，把运动内衣拍得非常美，在中国台湾售价590元新台币（约合人民币140元），在日本投放网络广告，就算将售价提高3倍，也一定会受到女性的喜爱。

俗话说“生意子难生[①]”。同样的杯子和碗，在一般人眼中只是杯子和碗，但在我看来，内心会立刻想：“这是钱呀……”只要概念稍加转换，就可以让杯子和碗的附加价值更高。

所以，如果你问我如何嗅出“这是一门生意”？关键只有一个：先看到需求，再化为商机！

还有，更重要的是“你要对赚钱有兴趣！”

---

① “生意子难生”这句话的意思是要将所学的事物灵活地转化运用并不是件容易的事。

40美元就能起步的商机

2018年，我有机会在西雅图住上3个月。临行前我就想：这次机会可不要浪费，一定要找点事情做或看看能否嗅出点商机。

每到一座城市，咖啡厅一向是我最喜欢去的地方，来到西雅图也不例外。我在咖啡厅，不会只为喝咖啡，而是从装潢、服务到咖啡厅的商品，甚至来客情况等都会一一观察。

因此，来到西雅图之后，很快我就发现了一件奇怪的事：这里，没有人用drip（滤挂式）挂耳包。发现这一点后，我又去了很多连锁咖啡店及独立咖啡厅，甚至还跑到超市确认。

真的没有！

朋友告诉我，或许是老美的咖啡文化讲究快速，不喜欢太繁复的过程，也或许是追求环保，所以没有挂耳包的市场。

那么，柜台里和货架上那么多咖啡胶囊又是怎么回事？

大家都认为美国人喝咖啡，只喜欢买一大包咖啡，然后用美式咖啡机煮，那为什么他们可以接受咖啡胶囊呢？而且和挂耳包相比，咖啡胶囊更不环保，也不便宜，还需要搭配使用特定的胶囊咖啡机。如果说美国人没时间，但是在各家独立咖啡店里，经常可以看到咖啡豆和虹吸式手冲咖啡壶销售，这表示还是有很多人会买咖啡豆，回家用特殊器材冲煮。难道因为西雅图是世界咖啡重镇，对喝咖啡更有坚持吗?

这就像“非洲人不穿鞋”或“非洲还没有穿鞋的人”这种争论一样，乐观的我总认为正确答案是后者。

不如，试试看！做生意的热血因子又出现了，我就是想在西雅图试试挂耳包的市场！而且成本又是我可以控制的，不如说服独立咖啡店销售自己的挂耳包吧，比起销售货架上65美元/个的日本陶艺家马克杯应该容易得多。

如何敲开这些独立烘豆者的大门？递名片拜访可能太耗时间和成本，而且烘豆者常带有艺术家性格，搞不好很容易吃闭门羹。趁着我人在西雅图，不如进店买包他们的咖啡豆，再送回中国台湾做成挂耳包，反正成本也不高（这就是中国台湾的优势）。用这个作为攻克第一关的见面礼，烘豆师看到使用自己烘焙的咖啡豆制成的挂耳包时，或许更容易感受到我的用心吧？如果对方有兴趣，就可以开始讨论下一步怎样合作。

大家都知道，咖啡好喝的秘诀之一就是新鲜。一般刚烘好的咖啡豆，“寿命”只有三四周，做成挂耳包却可以保存一年。美国幅员辽阔，热爱某种咖啡豆的粉丝可能要大老远地开车前来，只为了喝一杯心仪烘豆师制作的咖啡。制成挂耳包之后，不但可以延长保存时间，还能节省时间与路程，坐在家中就可以品尝到喜欢的咖啡了。

另外，我还想到一个双赢的主意，制作挂耳包需要一定的产量，如果店家担心投资成本的问题，我们也可以包下一半的产量在亚洲销售。如此一来，我们不就成了全球精品咖啡豆的选品店了吗？想想看，如果找到5家咖啡店愿意合作，就有5位大师的挂耳包，可以在台北和东京开店，专卖世界知名烘豆师的挂耳包。

挂耳包可以让不太会冲咖啡的人，享受一点手冲的乐趣，虽然不能100%原味重现，但可以做到80%，因此它在中国台湾已经相当盛行。虽然对于一个新的市场的确不能完全乐观，但走进一家店，投资40美元（约合人民币282元）买包他们的烘豆就能起步的商机，你做不做呢？这些想法的确让我很热血，也好好地研究了一阵子，而我最后有没有去执行呢？

年轻的我，可能立刻就会行动（事实上，这件事我也已经完成了80%的准备工作），但我未来更想做的是与其养鱼池，不如给钓竿吧！

2　善用触觉力，寻找优质的合作对象

要如何找到适合往来的合作对象？其实很大程度上也是在运用触觉力。在我的经验里，知道自己要什么，信任专业且愿意让利的客户，通常很快就会成交。而在聘用员工时，除了能力，更是在寻找和自己价值观相近的人，这份觉察的功力就更重要了！

没看到房产，也能花6亿的W董

一般来说，从事大笔买卖，若有一方反悔，通常是买方最后缩手不买。但我却遇到了卖方临时反悔的情况。而且这个事件还发生在“3·11”日本大地震之后，房产的卖方在签约前突然说要涨价。碰到这样的卖方，我心中真的很矛盾，明知是卖方不对，但这个项目的确是万中之选，即便涨价，还是非常值得投资。

以房产的价值来评估，实在不希望这么好的项目落入别人手里。在时间倒数的紧迫压力下，我在脑海中快速地将客户名单扫过一遍，最后跳出W董事长。依财力和能力，大概只有W董事长能快速决定。于是，我打了一通电话给他。当时，W董事长人在淡水，电话中一听到有个好项目，立刻杀到台北来。

与W董约在咖啡厅介绍房产，1小时后，他便同意下单（咖啡都还没喝完呢）。而直到签约的当天，W董事长才第一次看到自己要买的房产。这处房产的成交金额接近6亿日元（约合人民币3970万元）。

6年后，W董事长因为有其他投资项目，有意出售其中一半的房产，我也顺利地帮他找到了买主。整体结算下来，光是出售这1/2的产业，W董事长已获利近1亿元新台币（约合人民币2369万元），更别说还有另外1/2的房产仍在持续收租。

如果当初没有W董事长的信任，我相信这个项目就会落到其他中介手上了。而W董事长凭借专业的眼光及信任专业的团队，所以屡屡在不动产投资中有所斩获。

我经手了这么多的不动产买卖后，发现越是信任专业，不计较细枝末节，而且大器让利的投资者，往往才是最大的赢家。

三年磨一剑的F董

愿意海外投资的客户多半是老手，而且有一定的自信，要如何判断这样的客户是否信任你呢？

我的标准很简单，那就是你讲的话，客户听不听？我是个喜好强烈且个性分明的人，或许因为这样，喜欢我的客户往往就会很信任我，而这份信任会让接下来的合作很顺畅。有些合得来的老客户甚至曾经创下过3分钟成交的纪录（没错，交易的对象是房子）！

多年来，“磨”得最久的客户，就属F董了。F董身家非常厚实，心思细密，从接触到成交，整整花了3年时间。

F董经常积极地找我聊天，三不五时就约我吃饭，在餐会上无所不谈，但就是不谈正事；也有时他才坐下没多久，便说还有会要开，必须先离开。但他却一直和我保持着联络，逢年过节都让秘书送礼。

有时候，F董也会积极地去看房产，回来说要想一想，然后就没有下文了。我也曾想过，F董到底对东京的房地产有没有兴趣？下次他找我吃饭，到底要不要参加？

后来，我冷静下来分析，他应该仍属于有效客户，之所以会如此谨慎迟迟不下手，究其原因是对东京房地产市场太陌生了。

一般人是见面投缘，接下来就开始谈合作。但F董却是有兴趣之后，要花较长的时间观察。他观察的不一定是房子，而是发挥他对投资市场的眼光，看看能不能投资“廖惠萍”这个人。尤其在日本买房产，更是需要长期合作，除了要信赖我处理日本事务的能力，还有之后的物业管理等。这与在中国台湾置业，成交后就结束与中介的关系很不一样。

对F董而言，几亿日元的交易金额其实很小，与其说是买屋，我觉得他更像在找一个帮他做事的伙伴。所以他每年都会找我见面聊一聊，看看我是否还在这个领域。

就这样来到第三年，F董终于签约，成交一个超过5亿日元（约合人民币3309万元）的项目。交割时，某银行（中国台湾三大银行之一）主管请F董吃饭，曾在饭局上好奇地问他：为什么选择和我们公司做生意？毕竟我们的收费比较高，除了日方中介费之外，台北公司还要再收取1%的顾问费。

我想很多事情，若非当局者是不会明白的。

当F董还不是我的客户时，有一次他的公司到轻井泽旅游，F董因为行程的关系，要第二天才能到。他的秘书请我们帮忙在东京购买新干线的车票，并且送他搭车。这些都不是我负责的事，但我认为，既然他需要，那就帮忙吧。不久之后，我有其他项目需要向他请款，便将新干线的车票费用也列入其中。他的秘书希望我将车资当成交际费，不要报账。

“这是两码事。人生地不熟，有人帮忙买票，还负责带路，我认为这已经算是‘服务’了。车票的钱，我不可能帮忙出。”我回答。

没错，我就是这么公私分明的人。但即便我这么“硬”，F董请我吃饭时，一方面是要从旁观察我这个人，另一方面他也的确在帮我拉人脉（虽然这与我的个性不合，我从不交际应酬）。最终，即使有其他非常大的公司在竞争，观察了3年之后，他还是选择购买我介绍的房产。

银行看到的角度是中介，对象都一样，为什么要多付出1%的成本？而真正的投资者，他会明白海外投资不只是关注成不成交，重点是成交那一刻之后，谁还在为你做事？挑一个负责的人帮你处理海外置产的繁杂事，可能会减少陌生市场所带来的风险与损失，而这些损失可能远远高于1%的顾问费。由此可见，F董才是真正精明的投资家！

你的大方要放对地方

从旅游业、房产中介业，到经营民宿旅馆，都离不开业务推广。但我从不会为了谈成生意，就刻意送礼或请客户吃大餐。并不是我小气，而是我认为：大方，要放对地方。

我是个对自己和别人都很大方的人，我的小气，只会针对以下两种情形。

首先，要让人看到价值。

我可以招待客户搭商务舱，也可以招待客户搭经济舱。但当我招待客户时，希望对方能理解被招待的诚意，而不是认为这是理所当然的。我也会请员工在搜寻机票时，先从经济实惠的开始找，如从哪个机场出入境、哪个时段比较实惠，而不是一味地认为反正公司财大气粗。当然，这样的做法也要看事情与时机而定，必要时，公司的预算可以放宽到最大程度。

此外，我最不乐见的是盲目冲着目标名气大，而一窝蜂的“羊群心理”。例如，帮客人订房时，因为经营旅行社和房地产的经验，我对房价很敏感，也可能是专业心理作祟吧。有时客户想去温泉旅行，我都会提醒对方要记得避开黄金周或年末，这两个时段一定会涨价，因为日本人也要去度假。如果想要享受一样的设施和服务，更该避开假期尖峰才是。

预订同等条件的温泉旅馆，可以是4万日元（约合人民币2647元），也可以是10万日元（约合人民币6617元）。如果是我的话，就不想花10万日元去享受比较差的服务质量。不如把时间提前或延后一些，也可以等到有特价或营销活动时再前往。这可能是职业病导致的小气吧，即使客人不在乎，我还是会“多管闲事”地一再提醒。

我的想法并非是花不起，而是我很在乎“价值”。依我的专业，绝对会有更好的选择，何必要挤在最糟又最贵的时段呢？这可能也是一种“专业洁癖”吧。

其次，在薪水方面，我也是一个“小气在前，大方在后”的老板。

我不喜欢一开始谈薪水时就给满、给到顶。谈薪资时，我通常分3个阶段：第一阶段是起薪；第二阶段是入职3个月后，若表现合格，就按公司规定调薪；第三阶段是入职半年后，评估工作表现，再次进行调整。

很多人会说别被公司骗了，加薪不过是拐你进公司的片面之词。但我会告诉新人，一切就看你有没有跟对老板。你的老板是什么样的人，将决定你的努力会不会被肯定。有些公司会让你同一份薪水领到老，但我却是个很容易看到员工付出的老板。

过去开旅行社时，我曾经一年内给一位助理调过5次薪水。因为他进步很快，除了想鼓励他之外，还因为在我的观念里，如果请一个人给3万，请两个人花6万，那我希望对接窗口可以更单纯一些，只要用一个人就好。尤其后来在台北和东京都有公司之后，我经常需要两边跑来跑去，更深刻地理解传达的重要性，对接窗口越单一越好。

对我来说，对接窗口越单纯，职员能做得越久越好。同样的钱，我宁愿花在“对的人”身上，只要能做好手上的事，我就会把找人的预算都加给你。

例如，我现在的特助，与我配合得非常好。她资质好，又认真努力，面对挑战从不退缩。用得越顺手，能交办的事就越多，随着工作量的提升，自然薪资就有调升的空间，让特助有一直往上爬的感觉。她感觉得到了老板的响应和肯定，才会越做越有成就感，这样的效果比很豪气地一次把薪资加到顶更好。

这就是我所谓初始薪资的“小气”。

当然，并不是每位老板都会采用相同的做法。我也碰到过很豪爽的老板，一次给几十万来挖墙脚。我们公司很少这样做，而且我也会提醒员工：也许你会怀疑调薪的承诺，那就评估这个老板和这家公司是否值得你信赖？

看到这里，读者朋友或许会疑惑：初始薪资与触觉力有什么关系?

我相信一个人在做任何决定时，都与其价值观有关。而一桩生意是否谈得成，参与其中的每个人的价值观是否相近，也有很大的关系。选择与你价值观相似的人，比较有机会合作或相处的长长久久，任何关系都是如此。

3 因为很重要，所以说3次：文化、文化、文化

和日本人做生意，一定要了解并尊重他们的文化。这一点，日本人非常在意。中国人做生意时，比较懂得迎合对方的需求。和日本人做生意，没别的，他们就是要你先配合再说。

换名片的手势及日式英文都要学起来

以中国人的做事方式来说，如果遇到海外客户，我们会想多了解对方的民情，配合他们的文化，互动方面要更热情、要多拥抱……日本人却不是这样想。他们会认为：要和我们做生意，就要先了解我们的规矩。

所谓的“规矩”，甚至细腻到连交换名片都要讲究一定的手势。此外，我还发现，在日本做生意，如果英语发音纯正，就无法和日本人拉近距离，最好能入境随俗说点“日式英文”，如manager要讲成“麻内甲”，morning则是“谋宁古”。不像我们和西方人做生意时，总是被要求英文发音要标准、流利。

我还曾听说过有美国人要做日本生意，甚至刻意进修“日式英文”，以利于打进日本圈子里的故事。

不懂窗口伦理？那就没有下次

网络上曾经流行过一张图片：海外旅行时，只要看到乖乖排队跟着导游走的，一定是日本人。

和日本人开始做生意后，我发现日本人真的很重视一切的“序”。例如，A介绍B给我认识，我与B做成了一桩买卖，那A就会认为，日后我与B的各种买卖往来都必须通过A作为对接窗口，不能过河拆桥，自己联络。早年，中国也有这种习惯，但现在已经很少见了。而这样的窗口观念，让我在初到日本时碰到不少问题。

经A介绍，我与B做成第一桩买卖时，我认为付费给介绍方A是正常的，等于是佣金。但接下来，因为我与B已经算认识了，再遇到其他项目成交时，我认为直接和B接触就可以。但如果轻易地跳过A，对日本人来说就是不懂规矩，而且是很失礼的事。

一开始当然也会觉得很不合理，中国人一向以“办多少事，拿多少钱”的逻辑行事，这种“靠近就有钱分”的观念，不就意味着没完没了吗？后来才发现，这就是民情，日本人的规矩就是这样，称作“route（溯源）”。相对的，一般日本人也不会随便引荐自己的资源。所以如果有人愿意释放自己的资源给你，表示他对你的重视及信任，接受资源的一方要更加感念及感谢。在日本做生意，很多时候靠的就是一种信赖关系。

大事如介绍生意是如此，小事就连电子邮件沟通也是这样。举个例子，当我和A先生联络时，一定会同时邮件副本抄送给这个项目的介绍人，介绍人永远会处于我和A先生之间，他必须知道发生的每件事。

千万切记，遇上更讲究老派作风的日本客户，如果你告诉对方："我觉得靠介绍人往来很麻烦，利润很少，可不可以直接和您联系？"客户反而会因此不信任你，认为："你怎么可以踢掉介绍人呢？那将来也会踢掉我吧！"有可能会因此而被客户疏远。

当然，随着网络的发达，各种生意越来越少有中间人，缩短了交易链，有些日本年轻人更容易接受两方直接往来的生意模式。但整体来说，"溯源"的合作模式还是不可忽视的。

日本人特有的"溯源"文化

日本人除了非常重视窗口伦理，对固定关系的黏着度也非常高。例如，在日本开超市，一般都是从固定的农场进货，对新供货商的兴趣通常很低（其实是绝对不会合作）。

窗口伦理只要了解就好办，但比窗口伦理更复杂的是，你很难打进日本人既有的圈子。日本人只愿意信赖固定的关系，所以外人很难打入。书店有固定合作的出版社，出版社有固定铺货的渠道，即使新成立的出版社觉得自己的书很好，想在书店铺货，对不起，因为各渠道都有固定的合作伙伴，书架上都排满了，很难有空间让外来的新书挤进来。

刚开始与日本人做生意时，对于日本的商业文化当然也会奇怪，觉得一定要这样吗？但我随即反思，这样的模式也有优点：一旦把渠道打通了，关系就会维持很久，不会有太多变数。

中国人做生意比较容易“跳”，关系熟了就会略过中间人或有人报价更便宜就会换人了；但日本人则非常注重“溯源”。

我们可以说这是封闭，也可以说它保守，但它也代表着一种安全感：因为我们是伙伴，所以你会珍惜，你不会随便破坏。并且，由于这段关系牵涉到很多利益和信赖感，即使外人想打进来，也要做很多评估。碰上低价竞销，更要考虑是否损害了关系，除非眼下真的没有其他选择了，才有可能考虑给圈外新人一个机会试试看。

一旦你进入信赖圈，过去很难做的生意，突然就会变得很好做，客户也会像之前维护其他伙伴一样，照顾你，不会背弃你。而这段关系持续合作，可能就是10～20年，甚至100年。

在日本职场，因为重视溯源，伙伴会把最好的东西留给你，而且不吝分享他的人脉网络。如果你不愿回馈，这个关系链就会因此断裂，甚至还会传播出去："这个人不懂我们日本，不要跟他做事。"可以说是因小失大。

在日本，无论做什么都注重信赖关系。过去我曾以为，只要多加1000万日元（约合人民币66.17万元）就能打动对方，但再多的钱，对方还是说不行。因为之间没有形成信赖关系，不知道后续的风险会有多大。

在日本，做生意的方式的确是一个介绍一个，所以直到现在，他们还有采取介绍制的餐厅，一定要有介绍人才能进去用餐。我曾经在博客上看到一家位于东京都涩谷区代代木的介绍制蛋糕店，它的"序"是这样的：首先要买过蛋糕，才能取得预约餐厅的资格；在餐厅用餐后，才能成为介绍人。因此若想去餐厅用餐，人们必须先在网络上买蛋糕。

在中国，这可能会被操作成生意噱头；但在日本，这就是一种正常的服务机制。通过介绍人来筛选顾客，预先告知店家的习性，餐厅接待客人的风险就会降低许多。

想做当地生意，就要用当地思维

在海外做生意，当然要融入当地人的生活与文化。在不动产这个领域，显现的更是生活与文化的缩影。我经常与客户分享：要将中国人的精明眼光，放进日本人的脑袋里。

无论是大客户还是小客户，我们到日本都是做投资生意，通过买房子来收租金。你买的小套房里住的不是中国人，而是日本人，因此要买就买日本人会喜欢的房子。如果以中国人对房产的喜好作为购买标准，日本人可能并不想住进去。

举例来说，很多客户觉得距离车站10分钟很远，因为中国出租车相对来说很便宜，骑摩托和开车也很方便，所以步行3～5分钟的距离已经算远了。但日本是个油费与交通费都很贵的地方，大家主要依赖大众运输系统，走路10分钟去搭电车，对日本人来说很正常。所以，若以中国人的思考模式而摒除距离车站10分钟路程的房产，会损失很多好机会。

此外，很多中国人觉得日本的房子很小，我经常听到投资客说：“才20平方米，太小了，我不要！”

是的，在中国，连刚毕业的大学生租的房子都可能有10坪（约33.06平方米）大小，但我们得考虑到日本是一个模块化的国家，连个人花费都有固定的计算模式。在日本，一般人通常会拿薪水的1/3来支付房租，如每月赚30万日元（约合人民币1.99万元），就拿10万日元（约合人民币6617元）付房租，再拿10万日元付交通费和生活开销，剩下的10万日元才能自由支配。

以刚毕业的大学生为例，薪水平均为18万日元（约合人民币1.19万元），1/3只有6万日元（约合人民币3970元）。2018年的平均东京市区租金水平，每平方米为2800～4500日元（合人民币185～298元）。如果你买下面积为20坪（约66.12平方米）的房子想租给日本上班族，以平均租金每平方米3000日元（约合人民币199元）来计算，20坪的房子所需租金为21万日元（约合人民币1.39万元）。这表示月薪60万日元（约合人民币3.97万元）以上的人才租得起，年薪水平至少是720万日元（约合人民币47.65万元）以上。

能赚到年薪720万日元的是哪些人呢？YKK①的社长做了30年，年薪也不过七八百万日元啊！

中国人以为自己投资了很不错的房产，空间又大又舒服，应该很好租吧？但对日本人来说，根本租不起啊！这是海外投资客最常出现的盲点。

日本是个文化特殊的国家，所以更要好好了解，不要固执地做一些吃力不讨好的事，海外投资更不可忽视“接地气”的重要性。我的经验是与其讨论对不对，不如接受现状才能制胜。在日本投资房地产之前，一定要清楚分析两地投资有什么差异，找到重点再出手，而不是出手后才想怎样补救。

日式思维——永远多想一点，多做一点

原生家庭给予我的是乐观和傻劲；我在婆家学到的是做事要

① YKK是Yoshida Kogyo Kabushikigaisha的缩写，日本拉链行业的鼻祖。

认真、仔细，先设定目标，要有求知欲，更不要忽视小节。

做生意时，更是必须如此。比如，客户要申请公司营业登记，员工会说，登记营业的内容通常由客户自己想；我则会做好一张单子，让客户勾选。

回答客户提出的问题时，也是如此。往来信件或信息回复确实迅速又方便，但日后很难统整资料。所以针对重要的问题，我会要求画重点，存档做成PDF，再标上主题和日期，将来无论什么时候都可以拿出来参考。

多做一些，贴心一些，多设身处地为别人着想，这就是日式思维的展现。

所谓日式思维，就是为你着想，不造成你的困扰；同时也希望你能够感受到他的心意。如果你没有感受到，那就是你没有进入这个国家的灵魂，更别想要做成他们的生意了。与日本人往来，就是要一直思考日本人的脑袋里在想什么。

“还要送礼？我们都这么熟了，应该不用送礼了吧？”不对，还是要送。这样做除了表示重视对方，也是宣誓自己的存在。

“都已经这样了，就不用那样了吧？”错，他已经帮你设想了，你要感受到他的用心，再给予同等的回应。

我的公公婆婆受日式教育影响很深，我与公婆相处的经历，也帮助我对日本人的思维有更进一步的了解。现在如果我有一点点做得比别人好，就在于这些细节的启发。

很多事情你只要多用一点心，去想一想对方的立场，就会做得更好。

虽然我也经常觉得客户问的问题有时无关专业，颇为无奈，但我也会换个方式想：如果今天换成我去欧洲买房子，在不懂房产所在地国情的情况下，可能也会问一些很不专业、很无谓的问题吧？身为一个专业中介，不但少计较，还乐于准备更完整的资料给客户参考，这还能不加分吗？

4 突破！打开大公司的门

在做生意的过程中，你会不断发觉日本人用各种方式和你慢慢确认关系，一旦关系建立之后，就不用太担心了，你的位子将很难被取代，对方更不会想“跳槽”。

初到日本，当我说来自中国台湾时，得到的反应经常是“Taiwan？你是说Tai（泰国）吗？”记得当时还有人问我：“你们吃饭是用筷子吗？”足见那时日本人对中国台湾有多么陌生。

除了日本房地产不景气的原因之外，能顺利进军日本的另一个关键时刻则是“3·11”日本大地震，中国台湾地区对日本的大笔捐款，使得在日旅居的中国台湾人大为“露脸”。此后，无论是遇到出租车司机，还是去拜访厂商，说自己是中国台湾人，当地人的态度都会变得比较亲近。

不懂，反而是个切入口

中国人做事追求速度，要快、要成交，没那么多规矩。因此刚到日本时，我也有深深的无力感。比如，有些事情明明直接与银行主管联络就能得到答案，但我还是只能找固定的银行基层窗口来联系。日本是极致的分工社会，在这种模式下，我不会、更不能直接打电话给银行的主管。

这种商业互动方式，也会影响公司人员的配置。当任何对接窗口有变化时，一定要通知对方，并交接好新旧窗口；与人联络也有相同的规矩，都由同一人负责传递信息，很少有相互机动支持的模式。在中国，经常是A在忙的时候，就请B代为负责沟通，只要事情做到就好；但在日本，只有在极端的情况下，才会请他人代为联系，而且这样做的时候，日本人还会不断地道歉并解释原因："不好意思，因为A小姐发生了某些状况，所以由我来协助。"

我觉得自己很幸运，我初到日本进入房地产领域时，遇上2007～2008年的雷曼金融风暴，日本房地产严重不景气，除了买家不热络，各家投资基金也受伤惨重，一些公司非常需要业绩，因此才愿意尝试新的合作方。而之后当我有实际成绩，有项目顺利成交了，他们就会愿意把房产项目交给我了。

当然，小公司通常比较好突破，最难突破的是大公司。

当客户越来越多，购买房产的需求达到一定程度之后，小型不动产中介公司已经无法满足我的客户。于是，我开始寻求与大型中介公司合作。东急是日本规模排在前几位的不动产中介公司，也是我最想合作的对象。但即使在日本经济不景气的时期，这种规模的大公司还是很难打入。他们不认识我，更不了解中国客户的实力，到底要如何才能与东急合作呢？

幸好，老天爷总是眷顾我。

无法打入不动产中介业的龙头企业，那就先找中型的不动产公司吧！当时，我与中型的不动产公司合作，成交了一个大项目后，他们又提出了另一个项目。偏偏此时，负责与我联系的对接人L先生准备离职。按照正常流程，L先生应该把我交接给新的负责人，但他并没有，而是告诉我："我在东急有很熟的对接窗口，可以帮你们联络，成交后请让我抽佣。"

当时我并不了解行情，L先生说这个项目底价1.3亿日元（约合人民币860万元），需要向东急提交标案，要我出个比1.3亿日元稍微高一点的价格，才有机会拿到。按照他的建议，我直接去联系东急的相关负责人，但对方根本不理我，因为不知道我是谁。但我还是努力说服了这家大公司，表示我的客户很想买，希望他们能让我参与竞标。我以为一定要靠标案才能拿下，还认真地出了1.32亿日元（约合人民币873.5万元）的标价，比底标多出200万日元（约合人民币13.24万元）。

现在想想，东急那时应该把我当成神经病吧？根本没人下单的房子还出价那么高。

当初L先生讲得天花乱坠，说项目有多好，有多少人在抢，我评估那个地点很不错，投资回报率也很高，所以认为多加200万日元标价应该很合理，但东急却很惊讶我的客户为什么愿意出这么高的价钱，比他们原本设定的还高？客户不但没有议价，竟然还往上加！

这个项目成交之后，东急就发现，我这个不请自来的中国人还真有成交的实力。而我则是过了一两年之后，才知道当初其实不需要开高价，原来我被那位L先生骗了。他一直说自己与对方的关系有多好，不料他和东急的相关负责人根本不认识！

但也正是因为我不懂行情，加上当时日本的经济真的很不好，反而误打误撞地成交了这个项目。因为有了这次“突破”，东急开始对我们比较有信心了。

回头看，我的客户确实因为这个项目收获颇丰。那是位于都心港区的一家连锁量贩酒铺，专营各种酒类。即使只买一瓶啤酒，也可以外卖送到家。因为港区是高级住宅区，酒铺的位置极佳，离地铁站走路五六分钟；而且是一楼，适合当店面，租金每月99万日元（约合人民币6.55万元）。我们计算的投资回报率约为10%，所以才认为加价200万日元很合理。虽然事实上根本不需要开那么高，但事后看来，还真是傻人有傻福啊！后来有人曾出到3倍的价格，但业主还是不愿意出售。除了坐拥高投资回报率之外，要在东京如此黄金地段拥有一个店面，未来也是可遇而不可求的事吧。

信用是唯一的捷径

打开了大公司的门，这些大公司就开始陆续给我一些项目了。其中，让我印象很深刻的是位于横滨的房产，它包含4个店面，其中之一还是“黄金房客”麦当劳（此房产后来由某知名医师买下）。

坦白说，这种项目对于海外投资客而言，一般不会是抢手货。中国台湾人普遍认为东京的房产还没买到，怎么会考虑横滨？而且还不是在中心地段，而是位于支线附近——以台北的地理位置来比喻，大概相当于中和区、南势角（位于新北市中和区）的位置吧。但这位医师买家眼光独到，很清楚自己的需要：因为工作忙碌，他根本没有时间理财，所以只看投资回报率。这个项目的投资回报率高达13%，所以至今该医师仍继续持有此房产。再回头看，当初的投资早已回本了，他现在还在继续收租呢。

做这类项目也会学到很多，房产虽然不在精华区，但客户很清楚他要的是投资回报率。在日本，只要是车站，就一定有客流；有人潮，就一定有商店。该房产是一出站的店面，所以一定是安全的投资标的。但因为我们不是日本人，卖方对我们不熟悉，所以在交易时，不仅写了出价单、填上医师买家的名字，卖方还要求买家飞来日本面谈，“我们要知道他到底有没有实力？”

在中国，一般房地产标案会要求出价方出示财力证明或押金，万一恶意弃标，对方可以没收押金。在日本下标不需要押金，但相对的，他们会调查个人信用，所以卖方才会提出需要医师飞到日本来“面试”的要求。医师则觉得莫名其妙，买个房子要这么大费周章吗？初入行的我也不清楚日本的交易规则，更别说这并不是一般买卖房产，而是属于不动产信托业务。

为此买家专程飞来东京“面试”，由我陪同前往丸之内卖家所在的公司总部。一进门，对方就拿出一张陈年资料：“请问这是同一个人吗？”不知他们是从网络上还是哪里搜寻到的信息，打印出来。在当年的新闻中，有位税务员借职务勒索这位医师，幸而当事人报案后此事便顺利落幕。日本卖家看不懂中文新闻，只想厘清买家是否有法律问题。我和买方看见资料时也吓了一跳，经过一番解释，确认买方的身份且无信用问题后，终于顺利成交。

学会被拒绝，是与日本人做生意的必修课程

经营旅行社时，我曾与很多知名旅馆合作。有一次，一位老客户指名入住北海道的“三余庵”，请我协助安排行程，并且订房。此次是8个人的家族旅行，我提前6个月预订旅馆时，对方却说无法接待，原因是“一次不能超过4个人”。

“是否担心临时取消？如果需要提前全额付清钱款也没问题。”我说。

“不是的，我们旅馆就是不能一组接待超过4个人。”

“担心客人不会说日语吗？客人会简单的日语哦！”

以上原因皆非，反正旅馆就是不能接受4人以上的订房。我思索很久之后，终于理解了日本人的思维。因为同一组8个人入住，无论是一起用餐还是泡汤，互动起来难免比较嘈杂，与其到了现场再规劝客人降低音量或注意其他规范，不如事先直接拒绝。

这种情况在日本的餐厅和咖啡厅也经常碰到。“不欢迎4人以上”的理由，除了因为一群人的位置不好安排、要移动桌位及人多通常难免喧哗之外，日本店家也希望维持安静或注重保护隐私的氛围，维护其他消费者的需求。

与其进店之后被限制或规范，惹得顾客不开心，不如事先过滤。所以在与日本人做生意之初，要学会了解被拒绝的原因，并进一步理解他们的思维，这是非常重要的一课。就算是我，已经在日本待了这么久了，遇到类似的状况，有时还是忍不住想：我是买方、是付钱的人，又没有提出什么很不合理的要求，为什么这么难配合呀？（这在中国根本不会发生。）

幸好，我初到日本时，遇上日本经济不景气，他们确实也需要一些外力提振经济，加上中国人的财力也够雄厚，这才让日本人刮目相看。慢慢我也领会到，当日本经济复苏了，他们自然就培养出一些潜规则：好东西一定要留给自己人，无论是电器，还是房地产。

经济形势回暖后，大型地产公司就很少和我联络了，同样市值3亿日元（约合人民币1985万元）的好房产，不会再以中国人为优先，而是卖给本地人。究其原因，是自傲、自信，当然也有自卑。有人说是怕其他国家（或地区）的人不了解日本的交易习惯，也有人认为何必和其他国家（或地区）的人建立关系？各种说法都有。从被拒绝中，我也学到如何修正自己的观念。

比如，介绍人制度。曾经我会质疑，这不是把成本垫高，然后转嫁给消费者吗（介绍人会抽佣）？但后来想想，也对，有介绍人把关，我们等于一直在信赖的关系之下做事，风险小了，损失就小，大家合作就会顺畅。

所以，到底哪种是对的，至今我还是觉得见仁见智，需要琢磨。

5 真正的职人

真正的职人不只是好胜，更不怕被赢过，而是一心一意只想把自己认定的美好事物发扬光大。与职人合作，最重要的是赢得他们的心，尊重他们的专业精神，而不是一味以金钱为前提。

初心的考验

在前面的章节中，我曾提到DOMO CAFÉ与续木老师之间的故事，以及他在Fika Fika喝了James煮的咖啡之后的反应。这让我又一次见识到日本的职人精神。

真正的职人，不会因为对方的水平高低而自卑畏缩或自我膨胀。

即使续木老师是咖啡专家，但他看到比自己更会烘焙咖啡豆的人，不会马上掉头就走，更不可能直接贬低。真正的职人会把消费者放在最前面，认为最重要的事就是让消费者喝到好咖啡。

回想当时，续木老师已经答应帮我们做双品牌了，但回到日本后，他仍写了一封信告诉我："其实从做生意的角度来看，简单是最好的（Simple is the best）。开咖啡厅是为了让客人喝到最好的咖啡，那为什么不单纯用一种咖啡豆就好呢？"

如果续木老师只以生意为考量，想必会争取DOMO的订单。但他却告诉我，Fika Fika真的很棒，何不单纯只用一种咖啡豆就好？

续木老师的回应，让我非常感动。他维护咖啡的价值，只想让消费者喝到最好的咖啡。这也让我看到，真正的职人不只是好胜，更不怕被赢过，他们认为重要的是如何把最美好的事物传承并发扬光大。

但在此时，身为咖啡厅业主的我就真的两难了：老师到底是客气，还是拒绝？为此，我特地请教了心灵挚友米力，她很坚定地回答："这就是你这个老板该表态的时候了。"

米力这番话对我真是当头棒喝。我立刻回信告诉老师，在我心目中，老师的咖啡是永远的美味，无论如何我都想让东京的客人品尝到这么美味的咖啡。

老师读了信，也不拖延，马上就回复："好，没有问题。"

我想，老师或许也想看看我的初心还在不在吧？如果被老师这么一说，我就犹豫了，不能坚持初心，也不去深入了解老师的心态变化，可能就会因轻率而出现失误。

没有目的的营销

开开心心地迎接双品牌咖啡之后，很快我们就参加了在台北华山举办的第一届台湾地区咖啡展。展场是一间间老仓库，空间很小，里面挤了很多店家。

“DOMO CAFÉ刚开幕，我想让台湾的消费者认识续木老师！”这种想法一浮现，我立刻邀请老师来台湾。续木老师二话不说即应充，还带着师母一起来助阵。

偏偏，有台风警报！

当天早上，主办单位确定可以照常开展。来看展的人非常多，主办单位只好从外面管制入场人数，一次只能放50人入场，排队的人龙就这样从展区一路排到市民大道。下午两点后，突然狂风暴雨，台风开始发威。当负责补货（送杯子和挂耳包）的我赶到会场时，看到外面还排着一大堆人。我心想，顾客真的好辛苦，而且实在太危险了，应该请他们不要再执着于进场，赶快回家避风雨才是。当下我做出决定，和同事把车子停在路边，拿出杯子，每杯塞进一包挂耳包，发给现场排队的人，请他们拿了咖啡之后赶快离开。

做这件事时，股东们有很多意见，问我为什么要做这种赔钱的事？

一方面，风雨很大，我不想为了生意而让消费者冒险继续排队；另一方面，送挂耳包也是一种营销手段。

“要送可以，总不能漫无目的地赠送，最起码要打卡才能送！”一位股东说。

问题是现场连伞都撑不住了，怎么要求客人打卡？那样反而会造成反效果吧？

于是，我直接在风雨中无条件地赠送了500杯咖啡。第二天和续木老师餐叙时，听同事们转述了，在咖啡展现场的续木老师和师母听到这件事时，感动得当场眼泪就掉下来了。老师说，他没想到有人做生意可以做到这样不惜成本。之后，续木老师每次说到这件事时，都会泪光闪闪，觉得真是选对了合作伙伴。

对我来说，有时没有目的的营销，才是真正的营销。第二天我们就发现，不只我们在发挂耳包，别家摊位也开始发了。还有商家向主办单位抗议，顾客拿着DOMO的杯子进场，这样其他摊位要怎么做生意啊？坦白说，在发杯子的时候，我根本没有想到营销啊！

与职人合作，最重要的是赢得他们的心，尊重他们的专业，而不是一味地以金钱为前提。可能因为续木老师是京都人吧，更觉得在老师身上能感受到他的某种坚持与信念。一直到现在，老师都对我们照顾有加。有时我坐在办公室里，会突然看到来东京出差的老师。他习惯顺便过来看看，DOMO CAFÉ就像老师在东京的第二个孩子，永远让他挂心且关怀。这种美好的合作关系，是我在日本创业以来最高的成就。

这也正是我之前所说的“溯源”——一旦认定了，就不会改变。